在虛無與無限之間

Probable Impossibilities

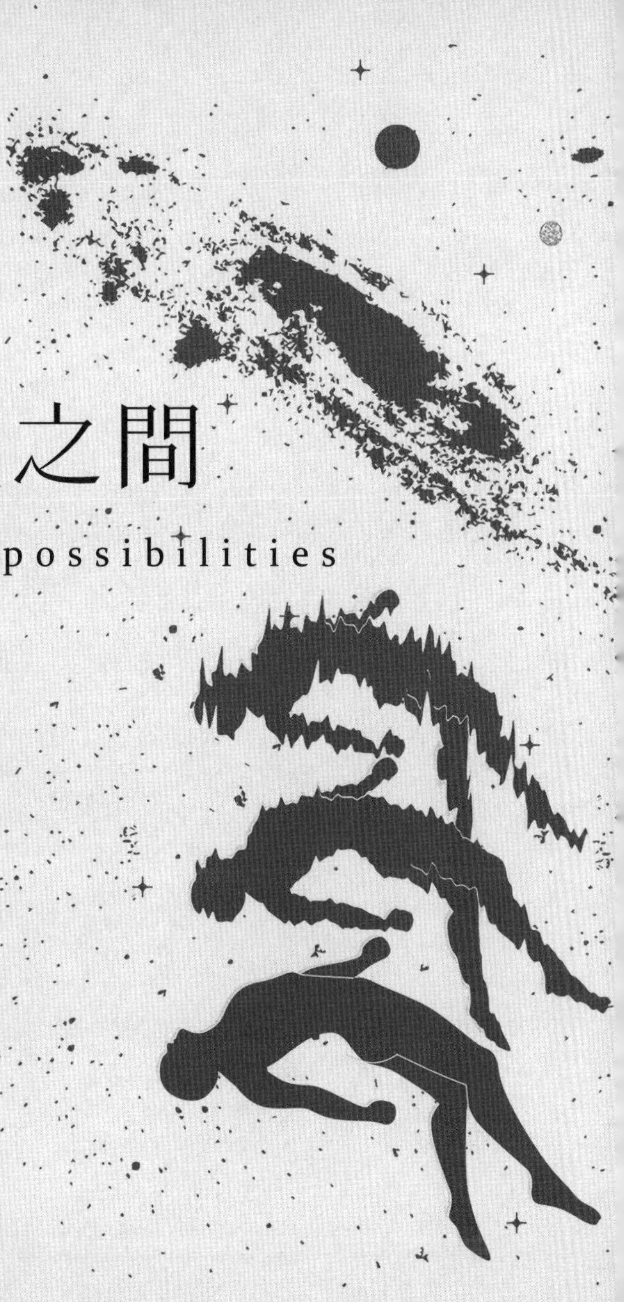

科學詩人萊特曼
對宇宙與生命的沉思

艾倫·萊特曼 Alan Lightman——著
江鈺婷——譯

專文推薦

在虛無與無限之間汲取源頭活水

簡麗賢

在杉林溪舉行的吳健雄科學營，晚上天空繁星點點，窗外涼風習習，閱讀商周出版新書《在虛無與無限之間》，腦海浮出朱熹的觀書有感：「半畝方塘一鑒開，天光雲影共徘徊。問渠哪得清如許？為有源頭活水來。」閱讀《在虛無與無限之間》，饒富趣味與哲學觀，正是汲取源頭活水。

「科學作家中的桂冠詩人」萊特曼的新作《在虛無與無限之間》，內容豐富，面向多元，探討記憶的反覆無常、宇宙生命的特殊性和大霹靂之前的景象等，引導讀者深刻思考宇宙、生命和心靈，以及極巨大或極渺小的豐饒與微妙。書中以科學家的思維為基底，旁徵博引，用淺顯語言文字延伸思考，能引領讀者遇見活水，獲得新感悟。

此外，量子物理學和宇宙學以方程式及觀測為讀者提供答案，萊特曼則以自己的生活經歷與文學作品，以有趣的類比和隱喻解釋宇宙、生命和萬物的起源，引人入勝，引領讀者進入浩瀚無垠的大自然。

《在虛無與無限之間》的科學範疇從科學家小故事到宇宙思維，從科學家的邏輯思維到科學本質的論述，讀者可以邊讀邊思考作者的見解。例如，馬克士威（James Clerk Maxwell）延續其方程式的邏輯思緒，想像肉眼看不見的電磁波，如X光與無線電，穿越空間的軌跡。又如，根據愛因斯坦的想像，如果兩個時鐘位置前後交換，它們的指針移動速度就會變得不一樣，這和接近光速的相對速度如何相關？在顯微鏡和望遠鏡的視界，在接近光速的時空背景，帕斯卡在巴黎外郊一棟燈光昏暗而冰冷的房子裡，如何想像「極小」與「無限」；人類究竟以何種方式為自己在世界中定位？如何在無限與虛無的深淵之間跳脫？

物理學家也是數學家的帕斯卡（Blaise Pascal）對「無限」境界的想像，遙不可及的領域，包括無限小與無限大，如何找到定位和方向？作者說，帕斯卡的思緒追著一條窄巷，在想像世界中不斷地依循窄巷前進。之後的科學家似乎也以一樣的步履探索無限，在物理學與天文學中探索新發現，在時間與空間的本質中尋找極小與極大。

萊特曼以宇宙詮釋「極大」，將外太空視為一個寬廣的極大，絕大部分空無一物，但卻點綴閃閃發亮的星系，每一個星系，好比我們的銀河系，都包含一千億顆恆星，尺寸接近一顆恆星的一兆倍。天文物理學家曾以巨大的望遠鏡觀察宇宙正在擴張，星系不斷遠離地球。以此追溯宇宙的起源，大約一百四十億年前，萬物皆擁擠在一個密度極大、溫度極高的區域內，就是我們的宇宙大霹靂開端。在追尋帕斯卡的「無限大」的過程中，我們抵達一個極限，源自宇宙的有限年齡與光的有限速度。

怎樣是「極小」？在宇宙大霹靂的開端，夸克、電子是極小的代表。原子很小，但夸克、電子更小。在每個原子內，中央皆有一個稱為原子核的一小區域，四周圍繞著電子。原子核是由質子與中子組成，而質子與中子的結構是由更小的夸克組成；一個夸克約略比一個原子小一億倍。

書及此，筆者想到伽利略發明望遠鏡對天文觀察的貢獻，以管窺天，以小見大，從古迄今，人類對於仰望的天空相當有感，唐代詩人即是例子。李白的詩句：「舉杯向天笑，天回日西照。」李白醉中舉杯笑邀西天共飲，西天竟然回落日之目、晚霞之臉報他一笑，大自然與人成為好友。杜甫詩：「人生不相見，動如參與商。今夕復何夕，共此燈燭光。」參與商是天上的兩顆星，兩顆星在天體上的位置約呈一百八十度，於不同的時間出現在天空。詩人因觀察到天空的星星，而聯想到親友之間難得相見的景況，感悟油然而生。孔子言：「為政以德，譬如北辰，居其所而眾星拱之。」「北辰」就是「北極星」，以此說明領導者以道德來治理國家，就像天空的天體環繞北極星運行，一切都有規則與方向。

王陽明詩句：「山近月遠覺月小，便道此山大於月；若人有眼大如天，還見山小月更闊。」一言簡意賅說明天文觀測開啟人類的視野，一如科學家哈伯（Edwin Hubble）透過觀測，發現愈遙遠的星系遠離我們的速度愈快，進而推論宇宙在膨脹。

「宇宙」其實就是極大與無限。上下四方叫「宇」，古往今來稱「宙」，「宇宙」就是空間與時間的總稱。我們生活在宇宙中，宇宙在空間上浩瀚無垠，而時間是「逝者如斯，不捨晝夜」。當我們抬頭望著天空，也許想到人類的渺小，想到歲月的遞嬗，也許能體會李白「天地者，萬物之逆旅；光陰者，百代之過客」的感觸。

古代詩人與哲學家仰望天空與放眼廣袤大地時，或許在胸臆方寸間油然感觸虛無和極限，既是大卻是小，既是小卻是大，因而抒發成文。

在海拔近一千七百公尺的杉林溪，舉頭目視夜空，有幸看見閃爍的星星鑲嵌在天空夜幕上，寧靜而安祥；閱讀《在虛無與無限之間》，沉浸在作者萊特曼的思維中，轉換成理性的探索及對虛無極限的喟嘆，朱熹觀書有感第二首詩：「昨夜江邊春水生，艨艟巨艦一毛輕。向來枉費推移力，此日中流自在行。」或許可以描述我閱讀後的感受，思慮因閱讀而澄澈，自由自在，享受閱讀《在虛無與無限之間》的樂趣。

本文作者為北一女中物理教師

CONTENTS

這個事實總是令我感到震撼不已。前者反映出一個意識單位的建構，亦即心智，而後者則是一個發亮的宇宙單位的建構。

微笑：我們知道的，以及我們無法知道的 121

鈉鉀閘門的開關、電流沿著神經元纖維的快速移動、分子從一個神經的末端流至下一個，這些都是我們知道的事。我們無法知道的，是為什麼男人會在一分鐘之後走向女人，並露出微笑。

注意力，神經元的同步吟唱 129

我自己也是一個科學家、一個唯物論者，但一股莫名的失落感油然而生，雖然我說不清楚到底是為什麼，但我不想要把自己的思想、自己的情感和自己的自我感簡化成神經元的電流顫動。

（一種）不朽 137

無庸置疑地，我的某些原子將成為其他人的一部分、某些人的一部分，而某些原子將成為其他生命、其他記憶的一部分。那大概也是一種不朽吧。

在這個本來有一棟房子的空間裡 147

「夢境將我們運送至夢境，而幻象永無止盡。」

為混亂辯護 155

宇宙唱著秩序，同時也唱著混亂。而我們人類尋求可預測性，同時也渴望新鮮事物。

奇蹟，或唯物論者的靈性 171

大海看起來就像一塊綴有上百萬顆小亮點的漆黑地毯，而那些小亮點就這樣隨著每一道波浪輕輕地起伏、晃動。我深深著迷於這一切，為之驚豔。對我而言，這就已經足以稱為奇蹟了。

我們在大自然中的孤獨家園 185

我們一直都在欺騙自己。事實上，自然是無心智的。自然既非朋友、也非仇敵，既無惡意、亦無善意。

生命特別嗎？ 191

我們不只是有生命體，更是有意識體，而在這般得天獨厚的定位上，我們是宇宙中的「觀察者」。我們獨一無二地能夠自我覺察，並意識到我們周遭的宇宙。我們是宇宙唯一能夠賴以評論自身的機制。

無限 201

宇宙生物中心主義 203

生命的稀有性與珍貴性，使得宇宙中的所有生命體之間產生親屬關係。我們共享了「生命」的平凡特徵，我們擁有見證並反思存在本身的不凡的能力。在這短短幾個十的次方裡，我們曾經存在過——我們看過，我們感受過，我們活著過。

知道無限的人 221

身為這般無窮存在當中的一部分，不管再怎麼小，卻可能也帶著某種偉大。我們的宇宙在距今一千億年之後可能會變成虛無，但其他宇宙會不斷地誕生，其中有些勢必會有生命存在，使某些無法命名的珍貴之物再度重新開始。

不可能，卻確實可能

我現在要告訴你一件事，這件事既不可思議卻又真確無訛：你是從你母親體內的一顆小種子誕生的，而你母親是從她母親體內的一顆小種子誕生，然後你母親的母親也是從她母親那兒誕生……以此類推，一代接著一代，穿越幽暗的時光長廊，回到十萬年前非洲的某座洞窟內、某位坐在營火旁的女性為止。那名女性對於都市或手機或電力一無所知，但如果我們可以跨越時間一路追蹤她的女性子嗣，最終一定會來到你這裡。而如果那些女性子嗣一個接著一個都在一大張羊皮紙上用大拇指蓋上手印，那到了今天，那張羊皮紙上就會有好幾千個指印，從十萬年前的那位古代女性一直延續到今天你的指印。

如果你覺得這個故事不至於不可思議或至少難以理解的話，那就讓我們再繼續回溯至更早的時代。根據化石動物的現代ＤＮＡ分析，你的女性始祖是更為原始的生物的後代，而牠們又源自再更原始的生物，直到我們回溯至那些在原始海洋中扭動、旋轉的單細胞生物。而那些最初具有生命的生物，則是由眾多無生命分子經過數十億次隨機碰撞而迸出。就這樣，它們偶然之間形成了一些能夠滋生出更多的自己、從翻滾的海洋汲取能量的東西。在那之前，地球的古老大氣由甲烷、氨氣、水蒸氣與氮氣組成，吹拂過死憋著怒火的眾多火山。而在更之前，那些氣體是由一團處於原始太陽系內的雲狀物經過旋轉、壓縮而來。

現在，我再來說最後一個故事。你體內的每一個原子除了氫和氦之外，都是很久以前在其他恆星裡製成的，而當那些恆星爆炸時，它們被噴入太空中，過了好一段時間之後，再被擲入地球的空氣、土壤和海洋內，最終融合至你的體內。我們怎麼會知道這些？我們有證據支持大霹靂理論，認為宇宙起初處於一種密度極高、溫度極高的狀態，之後便不斷擴張、不斷冷卻。在時間等於零（t = 0）後的最初時刻，宇宙實在過於炙熱，使得原子無法聚集在一起。而在最初的三分鐘內，宇宙冷卻至最簡單的原子核能夠形成的程度，因此有了氫和氦，但又因為變稀薄的速度太快了，還無法產生碳、氧、氮，以及其他組成我們身體的原子。根據核子物理學家的說法，那些原子在一億年後才形成；當時，重力已經有辦法拉攏大量氣體以形成恆星。而在那些大團質量的核心，溫度與密度又再度攀升，開始產生核反應，將既有的氫原子與氦原子融合成我們體內的其他原子。其中有一些恆星爆炸了，將那些全新鑄成的原子散播至太空之中。我們曾經用望遠鏡觀測到爆炸的恆星，還分析了它們的碎片的化學成分，確認大霹靂理論為真。如果你可以把你體內的所有原子都貼上標籤，然後跟著它們一起進行時光倒流，那麼，除了氫和氦之外，所有的原子都會回到某顆恆星中。我們很確定這個故事是真的，就跟我們清楚知道各大陸曾經聚合在一起的故事一樣。

我們比較不那麼確定的是所謂的無限，舉凡「小」的無限性與「大」的無限性，但卻也有頗具說服力的運算式加以支持。在原子內，有著那屬於小到不能再小的東西的無盡世界，而在我們的望遠鏡以外，也有那屬於大到不能再大的東西的無盡世界。在這兩個想像的終點之間，就是我們人類，脆弱而短暫，緊握著那屬於我們的、如紙一般薄的實在（reality）。

在虛無與無限之間

在大部分人的一生之中，他們都不會走到離家五百英里以外的地方。在那般於物質世界內進行有限探索的過程中，我們針對鄰近的物體與經驗寫出記憶，舉凡人、房子、樹、當地的湖泊與河流、鳥鳴聲、雲朵，全都藉由我們的眼睛和耳朵傳送至我們的大腦。不過，我們以為自己有**想像**的能力。舉荷馬（Homer）史詩所述說的奧德修斯（Ulysses）[1]之旅為例。奧德修斯與同伴在旅途中被三十英尺高的巨人庫克洛普斯（Cyclops）抓住——他只有一顆眼睛，位於額頭中央——獨眼巨人立刻吃掉隊上兩個人，並把剩下的拘禁在他的洞穴裡，以儲備為將來的糧食。奧德修斯成功逃脫、回到海上後，將自己綁在船桅上，以抵抗海妖的呼喚；海妖這種生物擁有鳥類的身體和女人的頭，牠們美麗的歌聲會將男人誘拐到暗礁上送命。抑或試想達利（Salvador Dalí）的名畫《時光靜止》（*The Persistence of Memory*），其中，癱軟的時鐘垂掛在桌邊和樹枝上，有如在日照下融化的比薩一般。擁有翅膀的馬匹、流著黃金的河川、活了起來的木偶……在我們的腦袋中，我們有能力將自己在微不足道的經驗裡所看到的事物互相結合，創造出前所未有、令人驚嘆的幻象，或甚至是不存在的事物。

藝術範疇中的想像對我們來說相當熟悉，科學範疇中的想像就不然了，但後者的確認過程往往十分大膽，令人驚豔。馬克士威（James Clerk Maxwell）延續其方程式的邏輯思緒，想像電磁波穿越空間的軌跡，畢竟，肉眼看不見X光與無線電。根據愛因斯坦的想像，如果兩個時鐘位置前後交換，它們的指針移動速度就會變得不一樣——即便過去從來沒有人觀察到這個荒謬現象。（如果要測量這個現象，必須使用高敏感度儀器，或是接近光速的相對速度。）

古希臘人假設出無形的原子——這些東西微小到看不見、不可摧毀、無法分割，被推定為構成這個物質世界的元件，這可說是想像力上的另一大跳躍。兩千年後，一位名為帕斯卡（Blaise Pascal，一六二三—一六六二）的法國人又更進一步發揮想像力。身兼數學家、物理學家、發明家、評論作家及神學家的他，猜測事物的存在若不是**無限**小，就是**無限**大。根據他的《思想錄》（*Pensées*）：

> 整座有形世界只不過是在自然的偌大胸懷當中一個難以察覺的原子……我們或許能夠將我們的構思放大，超越所有想像得到的空間；然，我們只能產出與事物之實在得以相互對比的原子。這是一個無限的球體，四處皆為其球心，但圓周卻無處可尋……人在這般無限之中又為何物？但就展示另一個同等驚人

的天才給他看吧，讓他去檢視他所知最為精緻的東西。給他一隻蟎，以及其微小的身體部位與其他更是無比微小的部位。然後再將後面這些小東西加以分割，讓他耗盡思考的力氣，並把他最後所得到的物件當作我們現在的談論主題。或許他會想，這就是自然之中最小的一點了，但我會展示給他看，這裡面還有另一座全新深淵……誰不會對這個事實感到震驚呢？不久之前，我們的身體在宇宙中仍無法察覺……現在卻是一個龐然大物、一個世界，抑或相較於我們無法觸及的虛無而言，是一個整體？那些以這種角度來思量自己的人，將會對自己感到懼怕，而那些發現由自然所賜予的身軀其實處於無限與虛無這兩種深淵之間的人，看見這些奇蹟時，將會顫抖……〔人〕無法在自己的組構中看見虛無，也同樣無法看見將他吞噬的無限。2

在帕斯卡寫下這段非凡的文字時，人們才剛發明出第一批簡易的顯微鏡，而當時所能測量的最遠距離是到太陽。但確切來說，人們對於這整顆晶瑩剔透、掛著星星的「天球」（heavenly sphere）的大小仍毫無頭緒。當時，人們認為放血能夠治病、醫療櫃裡儲滿汞和砷，而火和電也仍是全然無解的謎題。就在這樣的時空背景下，帕斯卡在巴黎外郊一棟燈光昏暗而冰冷的房子裡工作著，想像著「無限」。

占據帕斯卡的想像力的不是只有物理上的無限，他也一直在想我們人類究竟是以何種方式為自己在世界中定位——我們被困在自然賜予我們的身軀內、「陷於無限與虛無這兩種深淵之間」。這種思量人類的方式、關於人類的詩詞，在數十年後牛頓的書寫中並無可見得。事實上，帕斯卡正是如此獨特的人文主義科學家。他在《無神人類的悲慘》（*The Misery of Man Without God*）等作品中扮演一位細心的人類本質觀察家；出生於法國中高階級社會的他閱歷豐富，更是巴黎各個沙龍的常客。但與此同時，他也是在投影幾何學領域中做出重大貢獻的數學家、設計出第一批機械計算機的發明家，以及機率論的先驅。壓力單位「帕」（pascal，Pa）以他命名，另外還有一套電腦程式語言也是。你或許可以把帕斯卡跟另一位文藝復興時期的博學家達文西相提並論，但達文西並未思忖過「無限」。

帕斯卡有一幅著名的畫像，出自同一時期的德．尚帕涅（Philippe de Champaigne）之手，畫中呈現一位年約三十五歲的男子（帕斯卡於三十九歲逝世），肌膚慘白卻雙頰紅潤，唇上與下頷依稀蓄著髫鬚，高挺的鼻子顯得高雅氣派，一頭捲曲黑髮垂至肩上。男子身上的綠色罩衫有如一匹垂掛於胸上的刺繡布帘，配上硬挺的白色衣領，臉上則掛著一抹曖昧不明、幾乎像是強逼而出的微笑，好似他正在思量著沒有上帝的人類將會多麼悲慘，掙扎地在這個充滿罪惡的世界裡盡力而為。[3]

帕斯卡出生於一個富有而虔誠的家庭，在奧弗涅大區（Auvergne）的克萊蒙（Clermont）。他的父親是政府官員，擔任收稅官一職。年幼的帕斯卡很早就在數學方面及各種與機械相關的事物上展現超齡智力，在十幾歲時，就已經開始開發計算機幫父親處理稅金。少年帕斯卡在做了五十台原型機之後，成功打造出一台完成品，也就是現今人稱的「帕斯卡計算機」（Pascal calculator）。那個小裝置貌似一只銅製鞋盒，有六個顯示數字的視窗，下方裝有六個金屬製的輪幅旋鈕。想要輸入數字時，必須將指針放到旋鈕的輪輻之間，再開始旋轉旋鈕，直到相對應的視窗出現目標數字即可，接著再到下一個旋鈕輸入另一個數字。透過齒輪的運作，兩個數字的加總便會出現在另一個視窗中。

少年帕斯卡在十六歲時自學幾何學，方法是用木炭在石地板上畫畫。很快地，他便發現了我們現在所稱的「帕斯卡定理」（Pascal's theorem）：當你在圓錐曲線

（一個平面與一個圓錐交集所形成的曲線）上隨機選取六個點，並依照任何順序以線段將它們串連成六邊形，那麼，該六邊形的三對對邊將交會於三個位於同一直線的點（圖中的G、H及K）。我個人是不清楚帕斯卡定理有什麼實際運用，但人們素來把它當成一項偉大定理，在國際數學奧林匹亞上鑑定出世界上最聰慧的高中生。

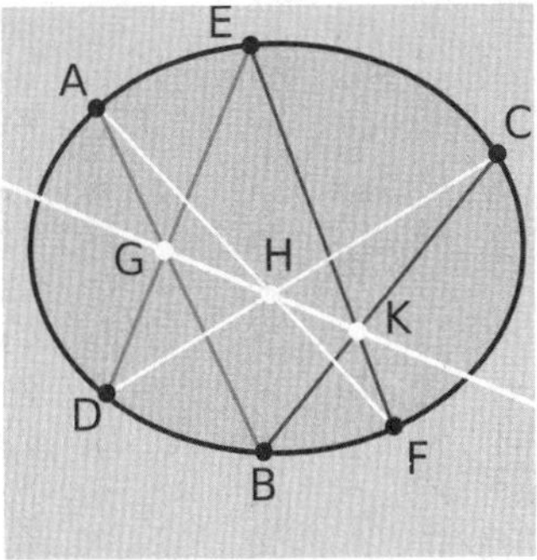

帕斯卡很可能是在他接觸到另一個新的數學領域的時候，構想出無限的概念。這門學科叫做投影幾何學，處理的是當某一形狀投影至其他平面後仍不會改變的特性，像是某一物體投射在地板上的影子。投影幾何學中的一個概念是「無窮遠點」：舉例來說，從透視圖來看，你可以想像有一條窄巷無限延伸，直到那兩條平行線看似互相交會為止。雖然「無窮遠點」在物質世界中並不存在（在帕斯卡所認知的物質世界中更是如此），但我們可以去想像它。

在帕斯卡的父親於一六五〇年逝世之後，他繼承了大量遺產，並繼續與社會中的菁英打交道——以他的財富身分而言，相當適切。有一段時間，他擁有一輛六駕馬車，而生活在如此時尚的社會中、在巴黎到處參加沙龍聚會的帕斯卡，可說是飽經世故。但弔詭的是，他也開始接觸到一支名為楊森派（Jansenism）的苦行教派。該教派以伊珀爾（Ypres）主教楊森（Cornelius Jansen）命名，嚴格程度與清教徒相當，堅信原罪、人類墮落與宿命。艾略特（T. S. Eliot）曾將帕斯卡形容為「苦行者當中的世俗之人、世俗之人當中的苦行者，兼具世俗間的知識及苦行修道的熱情，而兩者於他身上融合為一個完整的個體」。[4]

除了他的科學成就之外，帕斯卡另一為人所知的事蹟便是深具影響力的未完成作品《思想錄》，集結了神學與哲學片簡，經常調侃其他當代的知識份子。帕斯卡一生中大多時候都飽受疾病所擾，於一六六二年八月逝世，最有可能的死因為胃癌。他在生命末期曾表示：「生病屬基督徒的自然狀態……比起所有哲學家加在一起，一小時的病痛是更好的導師。」[5]

我對帕斯卡最感到興趣的是他對「無限」的想像，包括無限小與無限大，以及人類與那些遙不可及的領域之間的相互卷積。確實，自聖奧古斯丁（St. Augustine）以降的基督宗教思想家便已討論過上帝的無限力量，但仍沒有證據證實任何一個有形的東西能夠趨近非常小或非常大的境界，甚至連邊也沾不上。帕斯卡的思緒顯然是在追著那條窄巷，在他的想像世界中不斷、不斷地依循著它前進。當今的科學家也做了同樣的事。多虧了我們在物理學與天文學中的新發現——連帕斯卡都無法想像得到的發現——我們發現「大」與「小」的驚人極限。但那並不是因為測量儀器的不足所造成的平凡極限，而是由時間與空間的本質所導致的根本極限。

首先來談「大」。當一個巨型生物盯著宇宙看，大概會將外太空視為一個寬廣的黑暗大海，絕大部分空無一物，但卻綴有閃閃發亮的島嶼，亦即各個星系。平均來說，每一個星系，好比我們的銀河系，都包含了一千億顆恆星，尺寸為一顆恆星的一兆倍之大。事實上，天文學家曾經測量到好幾十萬座星系遠的直徑距離，那是我們所知最遙遠的實在區域。而太空依然能夠延展至比這個距離更遠以外的地方，但我們永遠看不到它——這其中的理由也非常有趣。打從一九二〇年代以來，我們就憑藉著我們那些巨大的望遠鏡觀察到宇宙正在擴張，星系不斷遠離彼此，就跟畫在不斷變大的氣球上的各個小點一樣。如果把這幅景象倒轉，宇宙中的物質就會往回相互衝撞，直到過去的某一個有限時間點為止。那大約是一百四十億年前，萬物皆擠在一個密度極高、溫度極高的區域之內，也就是我們的宇宙那所謂的「大霹靂」開端。宇宙的範圍可以是無限大，但超出一定的距離之後我們就看不到了，因為自從大霹靂之後，還沒有足夠的時間讓光從那裡傳送到我們這裡。這就好像我們處在一個寬廣而陰暗的宮殿裡，天花板掛滿了未點亮的水晶吊燈，然後吊燈忽然之間全都亮了起來（即大霹靂）。剛開始，我們只會看到離我們最近的吊燈，因為距離比較遠的燈光還沒傳到我們的眼睛。隨著時間過去，我們就會漸漸看見宮廷裡比較遠的部分。但不論是在哪一個時間點上，一直都存在著更外層、我們還看不到的區域。因此，在我們追尋著帕斯卡的「無限大」的過程中，我們抵達了一個極限，源自宇宙的有限年齡與光的有限速度。

現在，我們來聊聊「小」。正如逍遙在外的宇宙，原子的絕大部分也都是空白空間。在每個原子內，中央皆有一個稱為原子核的一小塊東西，四周圍繞著電子。相較之下，電子幾乎毫無重量，它們在原子核大小十萬倍以外的地方繞行。再來，我們繼續前往尺寸更小的境界。原子核是可分割的，由稱為質子與中子的更小粒子組成，而它們的結構又是更小的粒子，稱為夸克；其中，夸克的尺寸是人們於一九六九年首度以巨型粒子加速器測量出來的。一個夸克約略比一個原子小上一億倍。

至於夸克是否為終點呢？它們是自然中最小的物體嗎？如果帕斯卡還活著的

話，一定會說不。他肯定會想像著把夸克切成兩半，然後再把那兩半繼續對切、再對切……無限延續下去。不過，假如我們依循帕斯卡的這個處方，我們最終也會碰上另一個極限——在那裡，正是重力物理與量子物理結為邪惡連理的地方。愛因斯坦於廣義相對論中所描述的重力物理告訴我們，空間與時間的幾何會受到質量與能量的影響。換句話說，像是太陽這般的質量能彎曲時間，正如在彈跳床上的保齡球會讓它底下的墊子變形一樣。另外，如果你愈靠近某個質量，該質量也會讓時間流動得更慢。

這段婚姻中的另一半是量子物理。量子物理也是在一九二〇年代開始發展的，其理論認為粒子在次原子領域中會呈現一種模糊不清的特性，表現得好像它們同時存在於數個地方似地。雖然我們還沒有「量子重力」（quantum gravity）的理論，但我們依然可以估算出在多大的範圍內量子物理與重力物理將會合併。我們稱這個超小的尺度為「普朗克長度」（Planck length），該單位以物理學家、量子物理的先驅普朗克（Max Planck）命名，為10^{-33}公分，比一夸克小十京[6]倍。將如此極度微小的尺寸視覺化，還有另一個方法：一普朗克長度小於原子核的比例，約相當於原子核小於羅德島（Rhode Island）的比例。關於如此微小的實在元素，我們還真的能說點什麼，這件事本身就相當令人震驚。

由於量子物理模糊不清的特性（稱為海森堡測不準原理〔Heisenberg uncertainty principle〕），在普朗克長度的尺度時，空間和時間會激烈攪動翻騰，兩點之間的距離每一刻都會產生不受控的波動，而時間則會隨機地加速或減速，或許甚至還會時而往前、時而倒流。在這般情況之下，時間與空間便不再以對我們而言具有意義的方式存在了。我們在這個充滿了房子和樹木的偌大世界中所體驗到的順暢時間感及空間感，只是因為在普朗克長度尺度的極端波折與混亂被抹平了，就好比你從離地一千英尺高的地方往下看，沙灘上的顆粒狀就會消失一樣。

因此，如果我們想向帕斯卡致敬，繼續努力不懈地將空間對切再對切以追尋無限小的話，那一旦我們抵達普朗克尺度那變幻無常的世界時，空間就不再具有意義了。此時，比起探究「小」的無限本質，我們反而已經使當初拿來提問的詞彙失效了。空間好似被古代的玻璃吹製工匠吹得薄薄的，薄到它最終化成虛無。普朗克世界是一個幽靈世界，那裡沒有「時間」也沒有「空間」，就正如帕斯卡所說的，我們會發現自己處於虛無與無限這兩種深淵之間。而透過這種作法，我們已經找到可觀察的最小極限及最大極限，其限制是由帕斯卡兩個半世紀之後的科學所施加的。

現今的科學家，尤其是物理學家，也已經將他們的想像力不斷向外拓展，遠超過實驗性測試的可能性。物理學家曾假設自然中的最小元素並非電子等粒子，而是極小的一維能量「弦線」（string），其尺寸為普朗克長度，大概需要比地球還大的粒子加速器才有辦法進行探索。物理學家也猜測還有其他宇宙的存在，而且範圍可能無限大，永遠不可能跟我們的宇宙有交集，所以不可能進行證實。宇宙科學家曾經提出關於宇宙起源的理論。時間和空間是否隨著大霹靂才開始呢？還是它們在那之前就已經存在於某種量子迷霧之中了？雖然有許多理論在回答這些問題，但就算其中真的有任一說法屬實，我們也不太可能知道是哪一個。簡言之，我們已經在帕斯卡的兩個「無限」上添加了許多細節，並以更多進階的想像點綴他的想像，但相較於「有限」，我們依然處於假設的範疇，而且大概會繼續留在那裡好一段時間，又或許將會無限地待下去。偉大的科學哲學家波普（Karl Popper）曾經說過，科學的命題必須要能夠被否證——意思是說，人們可以進行實驗去證明它是錯誤的。我們在歷史上的每一個時間點所支持的科學理論與想法，都是尚未被證實為錯誤的。假如我們永遠無法測試「小」與「大」的無限性，那或許到頭來，這些概念根本就不算科學。但不論如何，它們都在想像的領域當中熠熠生輝。

最後，我想回到帕斯卡在《思想錄》中人類的召喚的段落，包含其中的物理、哲學及心理層面。帕斯卡可以單純地說宇宙會無限延展，於大、於小皆然，但他談到了人類之於宇宙的比例尺。首先，相較於無限大：「人在這般無限之中又為何物？」接著，相較於無限小：「誰不會對這個事實感到震驚呢？不久之前，我們的身體在宇宙中仍無法察覺……現在卻是一個龐然大物、一個世界，抑或相較於我們無法觸及的虛無而言，是一個整體？」人擁有一副「由自然所賜予的身軀……處於無限與虛無這兩種深淵之間」。

藉由我們現代對於萬物大小的知識，我們可以非常明確地指出人類位於宇宙階層的哪一階級。需要**對切**多少次才能夠把人體的大小切成原子的大小（我們直到二十世紀才得知的大小）呢？答案是三十三次。那相反地，我們也可以問，需要**雙倍加成**多少次才能夠把人體的大小變成一顆典型的恆星大小呢？好比太陽，帕斯卡所知的最大物體。答案是三十次。因此，如果以雙倍來計算的話，人類的大小幾乎介於一顆原子與一顆恆星之間。[7]這兩者勢必不是兩個極限值，但一邊的確是自然世界中非常微小的東西，而另一邊則是龐大不已。所以說，雖然帕斯卡當年並沒有我們現在所具備的宇宙量子知識，但他也有一定的概念知道我們人類至少於物理上，確實介於「大」與「小」之間。

關於這個段落，更加有趣的或許是其中心理學、甚至神學的論述風格：「那些以這種角度來思量自己的人，將會對自己感到懼怕……看見這些奇蹟時，將會顫抖……（人）無法在自己的組構中看見虛無，也同樣無法看見將他吞噬的無限。」正如前面所提，帕斯卡極為虔誠，甚至就他所生活的時空來論亦然。無庸置疑地，帕斯卡在這些字句當中所談論的，正是人在上帝的神聖感官中的渺小與極限。這裡所說的「虛無」應該是指上帝的創世，包括創造人類及創造整個宇宙兩者。人無法理解虛無與無限，唯有上帝有辦法——這讓我想起彌爾頓（John Milton）在《失樂園》（*Paradise Lost*）中提及亞當向天使拉斐爾（Raphael）詢問天體運作機制的橋段；這本著作的出版時間距帕斯卡逝世僅短短五年。針對亞當的提問，拉斐爾提供了一些模糊的暗示，接著說道：「其餘的／不論源自人或偉大的建築天使／皆明智地隱藏，而不透露／使祂的祕密被那些只應仰慕祂的人／得以審視。」[8]

很明顯地，人類的知識有其界限，但我並不同意帕斯卡所說的：我們人類應該對無法理解的事物、圍繞於我們兩側的無限感到懼怕。確實，誠如上述，探索

「大」與「小」這件事存有根本性的限制。但我們真的要想到它們就「顫抖」嗎？我們真的要因為無法掌握這種事而悲嘆嗎？愛因斯坦曾經寫過：「我們所能擁有的最美經驗為『神祕』。這正是站在真藝術與真科學的搖籃中的根本情緒。」[9]我不認為愛因斯坦所說的「神祕」是在指稱任何令人感到懼怕或超自然的東西。我相信他在講的是已知與未知之間的界線，而站在那條界線上，是一種令人振奮的體驗，同時也是一種非常深刻的人類經驗，涉及人類心智可以理解之事物，以及人類心智尚無法理解之事物。這條介於已知與未知之間的界線並非靜止不動的線，它會因為我們取得新知識與理解而跟著移動。五百年前，我們不瞭解熱與電的本質；一百年前，我們不瞭解生物體是藉由何種機制去引導如何產出後代。已知與未知之間的界線不斷地變動著，在線的另一邊是「神祕」，而那一邊激起我們的好奇心、引發我們的興趣、刺激我們、占據我們的思緒，並生產出新的科學及新的藝術。

注釋

1 譯注：原文使用的 Ulysses 一詞，為 Odysseus 的拉丁文轉寫。

2 Blaise Pascal, *Pensées* (Thoughts), translated by W. F. Trotter, Harvard Classics (New York: P. F. Collier & Son, 1909), vol. 48, pp. 27–28.

3 關於帕斯卡的傳記，可參見 Marvin R. O'Connell, *Blaise Pascal* (Grand Rapids, MI: William B. Eerdmans, 1997)。

4 T. S. Eliot, *Selected Essays* (London: Faber and Faber, 1931), pp. 411–12.

5 可參見 Will Durant, *The Story of Civilization: Our Oriental Heritage* (New York: Simon and Schuster, 1935), chapter 2。

6 譯注：亦即十的十七次方。

7 若以二的倍數計算，人類恰好介於一個原子與一顆恆星的中間位置。原子的大小約為十的負八次方公分，人類的大小約為十的二次方公分，而恆星的大小約為十的十一次方公分。

8 *Paradise Lost*, book 8, lines 71–75.

9 Albert Einstein, "The World as I See It"，原發表於 *Forum and Century* 84 (1931): 193–94。亦可見 Albert Einstein, *Ideas and Opinions* (New York: Modern Library, 1994), p. 11。

虛無

大霹靂之前發生了什麼？

一九三一年二月十一日星期三，愛因斯坦在加州帕薩迪納（Pasadena）附近的威爾遜山天文台（Mount Wilson Observatory）裡，與一小群美國科學家在舒適的圖書館中會談超過一小時。他們的主題是宇宙學，而愛因斯坦泰然自若地做出了科學史上數一數二重大的發言。[1]當時，他的相對論與重力理論早已受到證實，獲得諾貝爾獎也已是十年前的事了，儼然是世上最知名的科學家。（他在搭船前往紐約的兩個月前，曾在日記中寫道：「攝影師像餓狼似地衝向我。」）[2]

如同先前的亞里斯多德與牛頓，愛因斯坦有好幾年的時間都堅稱宇宙是一個壯觀而永恆的大教堂，將永垂不朽、恆久不變。在這幅場景中，時間從無限的過去一直流向無限的未來，但幾乎不會隨著時間的流逝而有什麼改變。愛因斯坦反駁一位俄羅斯物理學家所提出的宇宙演化論，認為它在理論上正確，但沒有實質上的物理意義。[3]一九二七年，一位著名的比利時科學家提出，宇宙像一顆擴張中的氣球一樣不斷變大，而愛因斯坦直稱該想法「十分可鄙」。[4]

然而，近日望遠鏡觀測的結果卻向這位偉大的物理學家提出挑戰，證實遠方的星系確實正在移動中。或許對愛因斯坦來說，更具說服力的是，有人拿靠著筆尖立起的鉛筆來比喻他當年對穩定宇宙所提出的數學模型：只要一點干擾，就會失去平衡。當愛因斯坦抵達帕薩迪納時，他已經準備好要承認宇宙其實一直不斷地在流動了。他以一口濃厚的德國腔，告訴身旁那些穿西裝、打領帶的男人，人們觀察到星系在移動的事實「如同槌頭般擊碎我的舊結構」。[5]他接著將手往下揮，藉以強調這一點。在那記重擊後的碎片當中興起的，是大霹靂宇宙學：宇宙並非恆定不變，反而是在一百四十多億年前「開始」形成，此後便持續擴張。根據目前的數據顯示，我們的宇宙將繼續擴張，直到永遠。

加州理工學院（California Institute of Technology）的物理學教授卡羅爾（Sean Carroll）便是一位大霹靂宇宙學家。但不只如此，他也是一小群自稱「量子宇宙學家」的物理學家之一，他想知道在萬物起源之際究竟發生了什麼事，或甚至是在那**之前**所發生的事。卡羅爾與其他量子宇宙學家相信，大霹靂不只創造了宇宙，或許也創造了時間本身。就這樣，這群理論物理學家拿著紙和筆，探究著在大霹靂之前所存在的東西（如果真有個什麼的話），時間是否有起始點，還有為什麼我們能夠從過去看清未來。人們直到最近才開始認真探討這類根本性的物理問題，它們或許跟笛卡兒（René Descartes）所詢問的關於存在的證據相似。這類問題也跟帕斯卡的概念相關：我們及宇宙皆由「虛無」而生。現代的宇宙學家指出，可觀測範圍內的整座宇宙過去曾只有顯微尺度大小。因此，帕斯卡的無限小、「虛無」的概念，可能跟我們的宇宙之起源有關。

量子宇宙學屬於推斷性質的學門。首先，我們的宇宙誕生是一場一次性的演出，我們也不在現場觀眾席上。但更重要的是，要瞭解最一開始的起源，需要具備重力在密度極高物質及能量的相關知識，也就是所謂的量子重力，我們會在最後一章談到。物理學家相信，在最初的那個量子時代裡，我們今天所看到的**整個宇宙**比單一原子還要小上許多，約略為一秭[6]倍（假設是宇宙過去有段暴脹〔inflation〕時期），溫度則幾近十溝[7]度，而時間與空間如同滾水般翻攪。[8]想當然耳，這種事情根本無法想像，但理論物理學家試著以紙筆和數學去想像它們。不知怎麼地，我們認知中的時間就是從那個密度極高的一小塊東西冒出來，抑或是時間搞不好早就存在了，但從那裡出現的是時間之矢，朝著未來的方向飛去。

物理學家希望，弦理論（string theory）或其他新的理論內容可以在接下來的五十多年內，為我們帶來更多對量子重力的理解，其中也包含關於宇宙起源的解釋。但在那之前，物理學界有些數一數二傑出聰慧的人，包括霍金（Stephen Hawking）、林德（Andrei Linde）與維連金（Alexander Vilenkin），已經提出不同假設相互論辯了，而每一項假設背後都有一頁又一頁的計算加以支持。不過，這個領域很小，膽小者不宜。卡羅爾向我解釋這其中的魅力：「高風險，高報酬。」[9]接著，就讓我們一起潛入兔子洞吧。

當我透過Skype跟卡羅爾聯繫時，他正在洛杉磯住家內舒適的讀書室裡，身穿帽T和牛仔褲，而我的位置是在麻薩諸塞州康科德（Concord）家中一間沒人睡的客房——就單一星系的尺度而言，兩者基本上算是比肩相鄰。卡羅爾談到他最喜歡的學科時，顯得十分放鬆。四十九歲的卡羅爾胸膛厚實，一頭淡紅色的頭髮，雙頰圓滾，還有雙下巴，眼眸中閃爍著調皮小男孩的光芒，但在解釋科學的時候口齒清晰伶俐，同時也是一名備受尊崇的物理學家。他曾寫過不少〈假如時間真的存在呢？〉（What If Time Really Exists?）這類標題的科學論文，還有《從永恆到這裡：探索終極的時間理論》（*From Eternity to Here: The Quest for the Ultimate Theory of Time*）等暢銷書著。[10]他常引用巴曼尼德斯（Parmenides）及赫拉克利特（Heraclitus）等人的句子。

卡羅爾相當著迷於宇宙的相對順暢及秩序。「秩序」在物理學中的意涵十分精確，能夠被量化。此外，無秩序的狀態比有秩序的狀態來得更有可能，就好像一疊卡牌一旦洗過之後，它變得混雜的機會就會比依照數字與花色整齊排列的機會來得更高。物理學家將那些考量套用至廣大的宇宙上，並認為，有鑒於在可觀測的宇宙中包含的物質之多，我們會預期它比實際上來得更無序、更崎嶇。精確一點來說，我們所能觀測到的宇宙包含了一千億個左右的星系，而如果我們能夠從足夠大幅的空間來審視它的話，就會像你從遠處觀看鵝卵石海灘一般平順。任何體積龐大的空間彼此之間看起來都差不多。然而，物理學家表示，機率遠高出許多的情況，卻是相同的物質聚集在數量更少的極大星系中、大規模星系群中，或甚至是在單一的大型黑洞裡，類似於海灘上的所有沙子都聚集在少數幾顆矽質巨石上。

因此，可觀測之宇宙的質地竟是這般不可能地滑順的這件事，反而指向在接近大霹靂時，整齊得不尋常的狀態。我們不清楚為什麼會這樣，但這是一個線索。卡羅爾在表達他的宇宙學見解時毫不羞澀，他跟我說：「我強烈認為，早期宇宙的低熵性質（即高度秩序及高度平順），是一個在宇宙學的廣大社群中未被受到應有的認真看待的謎題。那種誤解可以提供更多做出新興突破的機會。」[11]卡羅爾與其他物理學家相信，那種秩序跟時間之「矢」密切相關。更確切來說，從「有序」至

「無序」的移動，決定了時間的前進方向。舉例來說，如果電影拍到一只玻璃高腳杯從桌上掉下來，碎成一地，我們會覺得很正常。但如果我們看到電影中，零散的玻璃碎片從地板上跳了起來，自動集結成一只高腳杯回到桌緣，我們會說那部電影是在倒轉。同樣地，沒人照顧的乾淨房間會隨著時間而堆滿灰塵，而不會變得更乾淨。我們所說的「未來」指的是愈加混亂的狀態；我們所說的「過去」指的是愈加整齊的狀態。我們能夠輕易區分這兩者的能力，顯示出我們的世界有著清楚的時間方向（只有理論物理學家會擔心這類事情），所以整個廣袤的宇宙也是一樣。恆星散發出光與熱，緩慢地耗盡它們的核燃料，最後變成冷冷的灰燼在太空中漂流。相反的過程從未發生。

這就帶我們回到宇宙當初那整齊地不尋常的狀態。卡羅爾和麻省理工學院的宇宙學先驅古斯（Alan Guth）一起合作，建立了一個尚未出版的理論，稱為「雙頭時間」（Two-Headed Time）。在這個理論中，時間素來存在，但跟亞里斯多德、牛頓和愛因斯坦的恆定模型不同的是，宇宙會隨著萬古的流逝有所改變。此外，宇宙隨著時間的演化呈現對稱性，也就是說，宇宙在大霹靂前、後的行為幾乎呈現鏡像。在一百四十億年前之前，宇宙一直在收縮，直到大霹靂的那一刻（我們稱之為

「時間等於零」），它達到了體積的最小值，此後便不斷地持續擴張。這就像妙妙圈（Slinky）掉到地上，受到外力影響達到擠壓的最大值，接著又回彈成較大的圈。其他量子宇宙學家也提出了相關的模型。由於量子物理必須涉及無可避免的隨機波動，收縮的宇宙跟擴張的宇宙應該不會呈現一模一樣的鏡像，因此，在宇宙的收縮階段中，那位名為古斯的物理學家大概不存在。但之前與之後仍會看起來極度相似。

如今，在有序與無序的科學中，有件事相當廣為人知：當其他參數都一樣的時候，更大的空間會允許更多的混亂，這基本上是因為會有更多位置讓東西四處散落。相對地，更小的空間就會更有秩序。因此，在卡羅爾與古斯的畫面中，宇宙的秩序在大霹靂時呈現**最大值**，而在那之前與之後，秩序程度都在不斷下降。記得時間前進的方向是從「有序」至「無序」的移動。所以，從大霹靂出發，未來指向兩個時間方向。一個生活在宇宙收縮時期的人，會認為大霹靂發生在他的過去，就跟我們一樣。當他去世時，宇宙會比他出生的時候來得更大，就跟我們的情況一樣。

如果你把時間想像成一條長路，然後大霹靂是那條路上某處的凹坑，那麼，在凹坑處指向未來的路標，會有兩個方向相反的箭頭。這就是「雙頭時間」的命名由來。在靠近凹坑的地方、指向相反的兩個箭頭之間，時間便沒了明確方向、產生混亂。在高腳杯與房子的次原子版本中，玻璃碎片從地板上跳起、聚集成杯子的發生頻率，就跟杯子從桌上掉下來碎成一地的頻率一樣；而沒有人照顧的房子變乾淨的頻率，也會跟開始堆積出灰塵的頻率一樣。對於生活在那一刻的次原子生物而言，這兩部電影看起來都會一樣熟悉。

這是科幻小說嗎？或許是，也或許不是。不論正確與否，這些想法都很深刻。卡羅爾說：「當我搞清楚為什麼我可以記得過去卻不能記得未來時，這就完全跟在大霹靂時的狀態有關啊。那可說是一個令人震驚的頓悟。」

人們提出的另一大想法是宇宙和時間在大霹靂之前皆不存在，時間是後來出現的。這個假設的支持者相信，宇宙從完全的虛無中突然迸出，先是微小、有限的尺寸（普朗克尺度），後續才逐漸擴張。這種說法在量子物理中是有可能的，但時間在那時候並不存在。在宇宙尺寸最小的那一刻以前，並沒有任何「較早時刻」，因為根本就沒有「以前」。同樣地，其實也沒有所謂的宇宙的「創造」，因為那個概念暗指著時間軸上的某個動作。如同霍金所描述的，「宇宙既非被創造而出，也不是受到破壞。它就只是『存在』」。[12]這種在沒有時間的情境下的「存」與「在」[13]的概念，就我們有限的人類經驗而言，是無法理解的。我們甚至沒有語言可以用來形容它。我們說出來的所有句子幾乎或多或少都有**之前**和**之後**的概念。

維連金是最早提出「宇宙可能是從虛無中冒出來」的量子宇宙學家當中的一位。他是一位烏克蘭科學家，在二十五歲左右於一九七六年前往美國，到波士頓附近的塔夫茨大學（Tufts University）進行碩士研究，而現在也繼續在母校擔任物理學教授。我在七月的一個大熱天拜訪他的新辦公室，他當時穿著涼鞋，還有一件寬鬆的黑色上衣。辦公室的唯一一扇窗望向對街一棟單調的磚砌建築。他跟我說：「我舊辦公室的景比較好。」[14]地上擺滿了好幾箱未拆的書刊，書架上有一隻女兒送他的愛因斯坦人偶。

在維連金來到美國之前，他原本在蘇聯收到的研究所錄取資格遭到撤銷，很可能是因為國家安全委員會（KGB）的關係。於是，他開始在動物園擔任夜間守衛，這讓他有許多時間可以思考關於宇宙的問題。維連金在美國取得生物物理學博士學位，而非宇宙學。「宇宙學是我的副業，」他說：「那時候這個研究領域的名聲不是太好。」維連金是一個嚴肅的人，不像許多物理學家那樣愛到處說笑。他對於自己在研究的「時間等於零」的宇宙，更是極度慎重。「透過量子穿隧效應（quantum tunneling）創造宇宙，並不需要任何成因，」他說：「但其中必須要有物理定律。」我們簡單地聊到在時間與空間皆不存在時，「其」指的是什麼，還有物理定律是怎麼跑到那「其中」的？關於這一點，維連金喜歡引用聖奧古斯丁的話，因為聖奧古斯丁常被問到上帝在創造宇宙之前都在做些什麼，於是，奧古斯丁在《懺悔錄》（*Confessions*）中回應道，因為上帝是在創造宇宙的同時才創造出時間的，所以並沒有「之前」，也沒有「那時候」。身為虔誠天主教徒的帕斯卡，應該也同意聖奧古斯丁的看法：他的「虛無」所指的不只是無限小，還有上帝造物時的條件。

當維連金談到「量子穿隧效應」時，他提到量子力學中的一個詭異現象：物體能夠施展一種魔術通過一座山，然後忽然出現在另一端，完全不需要越過山頂。這種神祕的能力已經在實驗室中得到證實，原理來自次原子粒子可以表現得好像它們同時存在於許多地方。量子穿隧效應在微小的原子世界中相當常見，但在人類世界中完全被忽略，這就解釋了為什麼這種現象會看起來這麼荒謬。但在宇宙的量子時代、非常接近時間等於零的時候，**整個宇宙**的尺寸就只有一顆次原子粒子那麼大。因此，整個宇宙能夠「忽然」從完全無法理解的潛在量子雲霧中的某個發源處迸出來。（我用引號將「忽然」框起來，是因為那時候時間並不存在，但我現在才發現自己在這個句子裡用了「那時候」，這是一個過去式，然後又用了「現在」……。）

當我們說整個宇宙就像一個次原子粒子，存在於量子的暮光世界，這是什麼意思呢？任職於加州大學聖塔芭芭拉分校（UC Santa Barbara）的重要量子宇宙學家哈妥（James Hartle）與霍金一起建立出數一數二細緻的宇宙模型，呈現宇宙在接近大霹靂時、在量子時代「期間」的模樣。哈妥和霍金的方程式裡完全沒有時間；他們是運用量子物理去計算宇宙某一瞬間的可能性。

即使哈妥是世界級的量子理論專家，但他承認，將量子力學應用於宇宙的這整件事也讓他相當困惑。「這對我來說是一個謎團，」他告訴我：「既然宇宙只有一種狀態，那我們為什麼會有量子機制呢？」[15] 換句話說，既然我們只棲居在一種狀態之中，那我們的宇宙為什麼還有可能會有其他狀態呢？那些其他可能的狀態是否真的存在於某處的其他宇宙裡呢？

量子宇宙學家其實也意識到自己的研究在哲學上與理論上激起多大的迴響。正如霍金在《時間簡史》（*A Brief History of Time*）裡所說的，許多人同意宇宙是根據固定的自然定律進行演化，但同時又相信上帝在最初始扮演了那個獨一無二的角色，負責啟動時鐘、選擇該如何使之運轉。霍金自己的理論則解釋了宇宙或許就是將自己啟動的角色；他提出了一個方法，來計算宇宙「早期」毫不仰賴「初始條件」、界線或任何宇宙本身以外的東西的瞬間狀態。光是量子物理那些冰冷的規則，就已經完全足夠了。霍金問道：「那還有什麼地方需要造物者嗎？」[16] 物理學家克勞斯（Lawrence Krauss）也得出類似的結論，還寫了一整本名為《無中生有的宇宙》（*A Universe from Nothing*）的書論道，量子宇宙學的進步，顯示上帝充其量就只是不相關而已。

想當然耳，我們應該會覺得大多數的量子宇宙學家皆為無神論者，就跟多數的科學家一樣。但佩吉（Don Page）卻是個知名的例外。他是任職於亞伯達大學（University of Alberta）的重要量子宇宙學家、大師級的計算師，同時也是福音派基督徒。我跟他一起在加州理工學院攻讀物理學碩士學位的時候，每當他遇到困難的物理學問題，都會安靜地拿出一支很細的筆，毫不畏縮地馬上開始在茂密的數學叢林中寫下一個又一個的方程式，直到找出答案為止。雖然佩吉曾和霍金一起合寫過重要論文，但他在關於上帝的議題上與霍金道不相同。最近他才跟我說：「身為基督徒，我認為在宇宙之外有某個存在創造了宇宙、導出了萬物。上帝是真正的造物者。宇宙中的一切都出自上帝之手。」[17]而在卡羅爾「荒謬宇宙」（The Preposterous Universe）部落格的客座專欄裡，佩吉聽起來既像科學家、又像有神論者。他說：「有人可能會覺得，如果把世界（所有存在的東西）上有上帝的假設加進來，會讓關於這個世界的理論變得更加複雜，但其實不然，因為上帝或許還比宇宙來得更加簡單，所以如果我們從上帝出發，而不只是以宇宙作為出發點的話，可能可以得出更簡單的解釋。」[18]

很明顯地，大多數的量子宇宙學家並不認為有任何東西**導致**宇宙的出現。如同維連金跟我說的，量子物理可以在毫無成因的情況下產出宇宙——就跟量子物理一樣，電子可以在毫無成因的情況下改變它們在原子內的軌道。在量子世界裡，並沒有絕對的因果關係，只有可能性。卡羅爾總結道：「我們在日常生活中談到因果，但沒有理由要將那種思維套用到整個宇宙上。單純說『事情就是這樣』，就讓我覺得沒有任何該感到不滿足的地方了。」[19]

某個事件或狀態毫無成因即發生的概念，跟悠久的科學歷史大相衝突。數世紀以來，科學一直試著在解釋所有事件都是前一起事件的邏輯結果。根據佩吉的說法，不論是在假設時間止於無方向之處的雙頭時間模型中，或是在宇宙無中生有的模型裡，都沒有清楚地將宇宙初始的因與果加以區分。假如因果論在宇宙初始的量子雲霧中會消散的話，那麼，佩吉和其他物理學家便質疑因果論在我們現在所居住的世界裡，究竟是否真的穩固不搖——畢竟雖然距離大霹靂已經很久了，但大霹靂也確實屬於同一實在的一部分吧。「宇宙中的因果論並非基礎原理，」佩吉說：「那是我們從自己在這個世界中的經驗衍生出來的粗略概念。」[20]嚴謹的因果論可能只是幻覺，一種讓我們的大腦與科學去理解世界的方式。

然後我們就卡住了。因果論這塊基石出現了裂痕，使哲學、宗教、倫理等也開始產生震動。舉例來說，如果沒有嚴謹的因果論，我們人類該如何做出決定？「前一事件與條件」之於「頓時衝動或甚至單純無成因的行為」的相對角色為何？那當責呢？做決定是一個十分精密、複雜的心理過程，假如因果論只是一個粗略的概念，我們就無法知道臨界點在哪裡——在什麼情況下，「決定」會脆弱到不需要有限成因便會迸出來？

量子宇宙學帶領我們去質疑「存」與「在」的最根本層面，這是我們很少提出的問題。我們多數人的目標是在自己生存的這短短一個世紀（或再短一些）當中，於小小的生活範圍內創造出舒適的存在。我們吃飯，我們睡覺，我們找到工作，我們繳帳單，我們有愛人和小孩，還有些人建設城市或創作藝術。但有了真實而奢侈的心靈自由之後，還有其他更大層次的問題要關心。看看天空——太空會**無限地**永遠存在嗎？還是它是有限的，只是沒有像天球表面那樣的邊緣或界線？這兩種答案都讓人心神不寧、無法參透。我們的太陽和地球是從哪裡來的？我們是從哪裡來的？很快地，我們會發現自己的世界經驗十分有限。我們在原子和恆星之間用身體看到的、感知到的，只不過是整條光譜的一小塊區段、實在的一只碎片。

一九四〇年代，美國心理學家馬斯洛（Abraham Maslow）建立出人類需求層次的概念，始於最原始而急迫者，終於那些已經滿足基本需求的幸運之人所追求的進階、崇高者。在金字塔的最底端是為了求生存的生理需求，例如食物和水，往上一層是安全，再往上一層是愛與歸屬，接著是自尊，最後是自我實現。馬斯洛提出的最高需求，是渴望盡己所能、活出最好的自己。我建議在金字塔最頂端、甚至是自我實現的上面再加上另一個分類：想像與探索——想像全新可能性的需求、超出自我並認識周遭世界的需求。那種需求不正是激勵著馬可．波羅（Marco Polo）、達伽馬（Vasco da Gama）與愛因斯坦的部分元素嗎？不只是幫助自己的生理生存、人際關係或自我探索，更要去認識、理解我們身處的奇怪宇宙——想要探索量子宇宙學家所提出的大哉問的需求。萬物如何開始？這遠超出我們自身生命，也遠超出我們的社群、國家、地球，或甚至是我們的太陽系。宇宙是如何開始的？能夠提出這種問題是一種奢侈，但同時也是一種人類的必要需求。

注釋

1 愛因斯坦對於非靜態宇宙學的態度，以及他在一九三一年二月十一日造訪威爾遜山天文台的經歷，皆詳述於歷史學家努斯鮑默（Harry Nussbaumer）的文章裡：Harry Nussbaumer, "Einstein's Conversion from His Static to an Expanding Universe," *European Physical Journal H* 39 (2014): 37–62。

2 一九三〇年十二月十一日愛因斯坦日記：*Albert Einstein Archives*, Amerika-Reise 1930, Archivnummer 29–134, translated ibid., p. 44。

3 那位俄羅斯宇宙學家是佛里特曼（Alexander Friedmann），而比利時宇宙學家是勒梅特（Georges Lemaître）。

4 見勒梅特對他與愛因斯坦在一九二七年索爾維會議（Solvay Conference）對話的記敘：Georges Lemaître, "Rencontres avec A. Einstein," *Revue des Questions Scientifiques* 129 (1958)。

5 *New York Times*, February 12, 1931, p. 15.

6 譯注：亦即十的二十四次方。

7 譯注：亦即十的三十三次方。

8 在量子時代裡，典型的長度尺度為「普朗克長度」，亦即十的負三十三次方公分，而典型的溫度為「普朗克溫度」（Planck temperature），亦即十的三十二次方度。

9 我對卡羅爾的訪談，二〇一五年八月四日。

10 Sean Carroll, http://arxiv.org/abs/0811.3772.

11 我對卡羅爾的訪談，二〇一五年八月四日。

12 Stephen Hawking, *A Brief History of Time* (New York: Bantam Books, 1988), p. 136.

13 譯注：原文為 existence and being。

14 此處及其他維連金引文來自我對他的訪談，二〇一五年七月七日。

15 我對哈妥的訪談，二〇一五年七月二十九日。

16 Hawking, *A Brief History of Time*, p. 141.

17 我對佩吉的訪談，二〇一五年九月十一日。

18 Don Page, "Guest Post: Don Page on God and Cosmology," in Sean Carroll's blog, *The Preposterous Universe*, March 20, 2015, http://www.preposterousuniverse.com/blog/2015/03/20/guest-post-don-page-on-god-and-cosmology/.

19 我對卡羅爾的訪談，二〇一五年八月四日。

20 我對佩吉的訪談，二〇一五年九月十一日。

關於虛無，或「我感故我在」

一無所有只能換來一無所有。[1]

——莎士比亞，《李爾王》（*King Lear*），一六〇六

人無法在自己的組構中看見虛無，也同樣無法看見將他吞噬的無限。[2]

——帕斯卡，〈無神人類的悲慘〉，取自《思想錄》，一六七〇

隨著這裡的看法成立，太空中絕對安詳〔的狀態〕將被消除，「以太」將被證明是多餘的。[3]

——愛因斯坦，《論動體的電動力學》（*On the Electrodynamics of Moving*），一九〇五

過去，我們想要理解自己所處的這個既奇怪又奇妙的宇宙，而現在我們已經掙扎度過那些時代了，相較於虛無的概念，有些想法已經變得更加豐富。正如亞里斯多德所說的，如果我們想要理解任何東西，就必須先理解它不是什麼。古希臘人也

說，如果想要瞭解物質，就必須先瞭解「空」或是物質不存在的狀態。確實，留基伯（Leucippus）在公元前五年便曾論道，沒有空處的話，就不會有運動，因為那就沒有空間讓物質移動過去了。根據佛家說法，如果想要瞭解自我，就必須先瞭解無我的「空」狀態，稱為「空性」（śūnyatā）。而如果想要瞭解社會的文明效果，就必須先瞭解人類離開社會時會出現的行為，正如高汀（William Golding）在小說《蒼蠅王》（*Lord of the Flies*）裡的深刻探究。

延續亞里斯多德的論述，[4] 且讓我說說「虛無」不是什麼——它不是一個獨特且絕對的狀態。虛無在不同脈絡中意味著不同東西。從生命的角度來看，虛無可能意味著死亡。對物理學家來說，它可能意味著物質與能量全然不存在的狀態（這是不可能的事，我們稍後會談到），或甚至是時間與空間的不存在。對戀人而言，虛無可能意味著他或她的愛人的缺席。對父母而言，它可能意味著孩子不在身邊。對帕斯卡這樣的神學家或哲學家而言，虛無意味著無限小，同時也是只有上帝才知道的無時間、無空間之領域。當李爾王告訴他的女兒考地利亞（Cordelia）「一無所有只能換來一無所有」時，他的意思是，她能從王國繼承到的財產，將會比兩個阿諛奉承的姊姊少上許多，除非她能夠向他展現自己對父親無盡的愛。其中，第一個

「一無所有」指的是相較於姊姊所表現的誇張愛慕，考地利亞顯得靜默，而第二個則是相較於她們即將得到的奢侈宮殿，她只會得到簡陋的單房小屋。但當然，這些否定用語留有許多詮釋「無」的空間，可以套入許多帶有這種意涵的概念。

我自己跟「無」最鮮明的相遇記憶，並不是在分割王國的時候，也不是在思考量子物理中不存在三維空間的時候，而是在我九歲時的一次特別經驗。當時是週日下午，我獨自一人站在田納西州孟斐斯（Memphis）家中的臥室裡，盯著窗外的空蕩街景，聽著遠方傳來的微弱火車行駛聲，然後忽然感覺到自己正在從身體以外的地方看著自己。在那短短的片刻之中，我感覺到我看穿了自己的一生，而且還有整個地球的生命。那就像時間裂隙中的瞬間一閃，包含了時間在我的存在之前的無限跨度，以及此後的無限跨度。我那一閃而逝的感知包含了無限的空間。沒了軀體或心智的我，不知怎麼地就這樣漂浮在這般巨大的空間範圍內，遠超出太陽系、甚至銀河系……空間不斷、不斷地延展開來。我感覺自己就像一個小點，毫不重要。身為偌大宇宙中的一個小點，我對於自己，抑或是任何生物及其那有如小點般的存在，絲毫不在乎。而宇宙就是這樣、就在那裡。我還感受到自己在童年時所經歷的一切，不論歡樂或悲傷，以及我往後將經歷的一切，在如此壯闊的編制中根本一點意義都沒有。這種體悟同時令人感到解放又害怕。後來，那一刻結束之後，我又回到自己的身體裡。

那個奇怪的幻覺只維持了一分鐘左右，之後再也沒有經歷過一樣的事了。雖然虛無似乎會把意識及其他東西全都一併排除，但我的意識也參與了那次的童年經驗，只不過它並不是我平常放在腦袋裡那三磅重的灰色物質中的那份意識，而是一種不同的意識。我沒有宗教信仰，也不相信超自然現象。我從不覺得自己的心智真的離開了我的身軀，但就在那短短的片刻之中，我確實有一場深刻的體會，好像那些由我們自己創造來繫住生命的熟悉場景及思緒全都不存在了。那是一種虛無感。或許不是帕斯卡所說的虛無，但卻是我親身體驗到的虛無。

雖然虛無在不同情況下可能會有不同意涵，但我想要強調的東西或許相當顯而易見：它的所有意涵都涉及到一種比較——跟我們所知的物質或狀態相互比較。也就是說，虛無是一種**相對**概念。我們無法構思出任何跟物質、思想及我們的存在狀態無關的東西。舉例來說，如果沒有歡樂作為參考，悲傷本身便無意義。貧窮是根據最低收入與生活水準加以定義而來的。吃得很飽的感受之所以會存在，也是因為跟空腹的感受互相比較而來。飛機是藉由機翼上下的空氣壓力差才有辦法浮在空中；如果壓力都一樣的話，不管數值為何，飛機怎樣都飛不起來。蒸汽引擎也是透過鍋爐和周遭物質的溫度差所驅動；如果溫度到處都一樣，不管數值為何，引擎都會停止運作。一個人是否高或重或聰明？比什麼高？比什麼聰明。絕對數值毫無意義。同樣地，虛無只有在跟某個東西互相比較的情況下，才開始有其意義。

我在屬於科學的物質世界中的第一次虛無體驗，是我在加州理工學院攻讀理論物理學碩士的時候。我在二年級的時候修了一門很硬的課，名為「量子場論」（Quantum Field Theory），內容是在解釋整個空間都充滿了「能量場」（energy field）。重力有一個能量場，電力與磁力也有一個能量場，以此類推。那些我們認為是物理「物質」的東西，是受到背後能量場所激發出來的東西。重點是，根據量子物理定律，這些能量場全都在不斷地微幅抖動，不可能會有能量場處於全然休眠的狀態，而這種抖動進一步致使電子和光子等次原子粒子倏地出現、又倏地消失，即便當中沒有連續性的物質存在亦然。物理學家將擁有最低可能能量的空間稱為「真空」（vacuum），但真空也不能沒有能量場——能量場必須滲透至所有空間內。而因為它們持續不斷地抖動，它們就會一直產生物質；不管如何，至少會有一小段時間是如此。因此，現代物理學中所指的「真空」並不是古希臘人所說的空，那種空並不存在。（帕斯卡的「真空」或許比較接近物理學家所指的真空。）宇宙中的每一立方公分空間，不論看起來有多麼地空，其實都是混亂的場面：能量場不斷波動，而粒子在次原子尺度上時而閃現、時而消失。因此，在物質層級上，其實不存有「虛無」這種東西。

值得讚嘆的是，人們已經在實驗室中成功觀察到「真空」的動態本質。物理學家於一九二〇年代發現電子（攜帶電荷的最小次原子粒子）就像小陀螺一樣不斷旋轉。但跟一般的陀螺不同的是，每一個電子旋轉的次數皆相同。流動中的電荷會產生磁力，因此，所有電子不但是小陀螺，同時也是長得一模一樣的小磁鐵。而正如陀螺的旋轉軸偏離重力的方向時，會繞著垂直方向進行進動（precess，緩慢旋轉），電子在偏離磁場方向時，也會進行進動。人們可以非常精確地測量出進動的速度，而該速度則是由電子的磁力決定。這裡就是量子真空出場的時候了。如果一個空間完全是空的，那電子的磁力就會被預測為整數一；單位根據情況而定。但量子物理的理論聲稱，真空中的電力場會持續製造出名為「光子」的無質量粒子，它們會跟所有帶有電荷的粒子作用，並改變對方的特性。這些鬼魅般的光子從真空中冒出來，享受著它們或許只有一百京[5]分之一秒的生命，接著便再度消失。而在它們短暫的存在期間，它們與電子相撞，並稍微改變對方的磁力。人們在實驗室裡測量到該磁力為一・〇〇一一五九六五二二一。相較之下，根據量子真空理論中高度倚重數學計算的複雜方程式（洋洋灑灑地躺在我的研究所量子場論課本中）的**預測**，電子的磁力應為一・〇〇一一五九六五二四六，精彩地驗證了真空的量子理論。人類智力能夠理解「空」間到這種程度，可說是一項勝利。

「空」間與虛無的概念在現代物理學中扮演了重要角色，就算在我們理解量子真空以前便已如此。根據十九世紀中葉的研究發現，光是一種行進中的電磁波，而我們從傳統智慧得知所有類型的波，像是聲波或水波，都需要某些物質作為媒介以攜帶它們前進。假如我們把房間裡的空氣抽光，你就不會聽到別人說話；假如我們把湖中的水抽光，你就不能製造波浪。我們假設傳遞光的物質媒介是一種稱為「以太」（ether）的飄渺物質。因為我們可以看到遠方恆星傳來的光，代表以太必定充滿了整個空間。因此，全空的空間是不存在的。太空也充滿了以太。

一八八七年，兩位任職於今日俄亥俄州克里夫蘭（Cleveland）凱斯西儲大學（Case Western Reserve University）的美國物理學家，在物理學界數一數二著名的實驗中，嘗試測量地球於以太中的運動。他們的實驗失敗了，或者是說，他們無法偵測到以太的影響。一九〇五年，一位名為亞伯特・愛因斯坦的二十六歲專利局員工提出以太不存在的說法。相反地，他假設光與其他已知的波不同，可以通過全空的空間向外散播。以上這些都是發生在量子物理以前的事。

否認以太的存在並擁抱真正的「空」的想法，源自於年輕的愛因斯坦另一個更深入的假設：太空中沒有絕對靜止的狀態。沒有絕對靜止，就不會有絕對運動。你無法以絕對的方式去說有一輛火車以每小時五十英里的速度移動，你只能說，相較於另一個物體，例如火車站，那輛火車以每小時五十英里的速度移動。只有兩個物體之間的**相對**運動是有意義的。愛因斯坦拋棄以太的理由是，如果真的有以太的話，它應該早就會在太空中建立出一個絕對靜止的座標系統。如果整個空間都充滿了實質的以太，那你就可以說出某個物體是否靜止（相對於以太），就像你可以說，相對於水，湖上的一艘船處於靜止或運動狀態那樣。因此，透過愛因斯坦的研究，物質的空虛性——或虛無——跟宇宙中沒有絕對靜止相關。總的來說，首先，整個空間充滿了以太，後來，愛因斯坦移除以太，留下真正的「空」間。接著，其他物理學家再度以量子能量場來填滿空間。不過，量子能量場並未恢復絕對靜止的參考座標，因為它們不是空間中穩定的物質。愛因斯坦的相對論原則仍維持不變。

量子場論的一位先驅正是傳奇的物理學家費曼（Richard Feynman），他是加州理工學院的教授，也是我的博士論文指導委員會的一員。費曼與其他人於一九四〇年代晚期建立出一個理論，解釋了電子和真空中，如鬼魅般的光子互動的方式。他在一九四〇年代初時是個驕傲的年輕科學家，曾參與曼哈頓計畫（Manhattan Project）。當我在加州理工學院認識費曼時，已經是一九七〇年代初的事了，他已經變得比較溫和一點，但依然隨時準備要不假思索地推翻既有知識。他每天都穿著白色上衣——他只穿白色上衣——因為他說它們跟其他不同顏色的褲子比較好搭，而且他很討厭浪費時間在衣服堆中瞎忙。費曼也對哲學非常反感。雖然他為人滿幽默的，但他在看待物質世界時極度直接，絲毫不願憑藉著純粹的假設或主觀意識去進行推測。談到量子真空的行為時，他可以說上好幾個小時，而且也經常這麼做，但他絕不會花任何時間探討虛無的哲學或神學層面。我跟費曼相處的經驗教會我的是，一個人就算不拿那些超出科學可證實範圍的「為什麼」去困擾自己，也可以成為優秀的科學家。然而，費曼也很清楚心智可以創造出自己的實在。他是在我從加州理工學院畢業那年，於畢業典禮上致詞的時候提及這番理解的。那是一九七四年五月底的一個大熱天，典禮當然是在戶外，我們這些穿著畢業袍、戴著博士帽的畢業生，全都瘋狂地流汗。費曼在他的演講中強調，在我們發表任何科學結果之前，都必須去思考自己或許是錯的所有可能性。「第一原則，」他說：「就是你絕不能欺騙自己——你自己是最好騙的人。」[6]

在華卓斯基姊妹（Wachowskis）《駭客任務》（*The Matrix*, 1999）這部畫時代的電影中，我們直到後來才發現角色所經歷的所有實在，包括走在街上的行人、建築物、餐廳、夜店跟整個都市景觀，都是一場幻象，是一部超級電腦在人類腦中播放的虛擬電影。真正的實在是一個已被徹底摧毀、棄置的星球，人類被囚禁在葉狀的吊艙中，呈現昏迷狀態，生命能量被榨取以供應機器所需之動力。我會說，我們在生命中稱為實在的東西，很大一部分也是幻象，或至少有很大的比例是由我們的感知所形塑而成的模樣。

首先，其中摻有我們自己的意識。我之後會在〈（一種）不朽〉談到，意識的強大而精彩的經驗並不是什麼超乎物質世界的超驗（transcedent）特質，只不過是由我們的神經元之間那數以兆計的電子與化學物質之流動所產生的**感知**罷了。

同樣地，還有我們的人造制度。我們將偉大而恆久的存在注入我們的藝術、文化、道德規範及律法之中。我們賦予這些制度一種可以超出我們本身的權威。但事實上，我會說，這些全都是我們的心智所構築出來的東西。也就是說，這些制度與規範，以及它們所承載的意義，全都是一種精神結構。除了我們賦予它們的個別或集體意義之外，它們並不具有真正的實在。

佛教徒理解這個概念的歷史已經有好幾世紀了。這是佛教的「空」與「無常」的部分概念。我們賦予其他人類及人造制度的超驗、非物質及恆久的特質，都是一種幻象，正如《駭客任務》中由電腦所生成的世界一般。確實，我們人類已經達成了對於我們的心智而言無比非凡的成就。我們擁有可以準確預測世界的科學理論；我們創造了自己認為很美、很有意義的繪畫、音樂和文學；我們擁有完整的律法和社會規範系統。但這些東西如果離開我們的心智範圍，便不再有本質上的價值。而我們的心智只不過是原子的集合，注定將會分解、消散。對我們每一個人而言，那就是一切意識與思想的終點。從那個角度來看，我們和我們的制度便總是在邁向虛無。

那麼，這種令人警醒的想法會把我們帶向哪裡？有鑒於我們自己所構築的短暫實在，我們該如何以單一個體、以整個社會為基準，去度過我們的一生呢？隨著我一直在趨近個人的虛無，我花了不少力氣去思忖這些問題，並得出一些暫時性的結論來引導我自己的人生。每一個人都必須為自己去思索這些深刻的問題，它們沒有正確答案，但我相信，若以整個社會為基準，我們必須瞭解到，自己其實擁有強大的力量可以將我們的律法及其他制度打造成我們希望的樣子。這當中沒有任何外部權威、沒有任何外部限制，唯一的限制就是我們自己的想像力。因此，我們應該花點時間去大肆想像我們是誰，還有我們想變成什麼。

至於我們每一個個體，除非有哪天我們可以將自己的心智上傳至電腦，不然我們就一直受限於自己的生理軀殼與大腦。而且，不論如何，我們都會困在自己的個人心智狀態之中，包括我們的個人歡愉與痛苦。不管我們所認為的實在是什麼概念，無庸置疑地，我們都在經歷個人的歡愉與痛苦。我們有感覺。正如笛卡兒的名句所說：「我思故我在。」我也可以說：「我感故我在。」而我在這裡提到的感受歡愉與痛苦，並不只限於生理上的歡愉與痛苦，而是所有形式的歡愉與痛苦，誠如古時候伊比鳩魯學派（Epicurean）所說的，包括智慧、藝術、道德、哲學等各個層面上的。我們將經歷這些各式各樣的歡愉與痛苦，而且逃不掉。它們是我們的身體與心智的實在、我們的內部實在。而這就是我想強調的重點：我大可以將歡愉最大化、將痛苦最小化，並以這種方式來生活。因此，我試著享受美食、支撐我的家庭、創造美麗的事物，並去幫助那些比我不幸的人，因為這些活動會帶給我歡愉的感受。同樣地，我試著避免去過無聊的生活、避免迷失自我並避免傷害他人，因為那些活動會為我帶來痛苦。這就是我應該採取的生活方式。不少比我更有深度的思想家也已透過非常不一樣的途徑，得出這些相同的結論，其中最知名的例子就是英國哲學家邊沁（Jeremy Bentham）。

我所感覺到、所知道的，就是我現在在這裡，正處於時間巨幅洪流當中的這一刻。我並不是「空」的一部分，也不是量子真空裡的一個波動。儘管我知道我的原子有天會散落至土壤和空氣當中，而我將不復存在，但我現在是活著的。我正在感受這個時刻。我可以看到自己的手擺放在寫字桌上，我可以感覺到太陽透過窗戶照進來的溫暖，而當我望向窗外時，我可以看到布滿松針的小徑直通大海。

注釋

1 *King Lear*, act I, scene 1.

2 Pascal, "The Misery of Man Without God," *Pensées*, section 72.

3 Original paper in German in *Annalen der Physik* 17 (1905): 891–921, translated by W. Perrett and G. R. Jeffrey in *The Principle of Relativity* (New York: Dover, 1952).

4 *The Categories*, translated by H. P. Cooke (Cambridge, MA: Harvard University Press, 1980).

5 譯注：亦即十的十八次方。

6 "Cargo Cult Science" (adapted from a 1974 Caltech commencement address), the last chapter in Richard Feynman, *Surely You're Joking, Mr. Feynman!* (New York: Norton, 1985).

原子，我們大抵上是全空的空間

史上第一個構想出物質最小單位的，或許是古希臘人。原子或「atomos」，意即「不可切分」。當時，原子不只不可切分，甚至無法摧毀。根據德謨克利特（Democritus）與盧克萊修（Lucretius）的說法，原子可以保護我們免於眾神的怪異行為，因為原子既無法被創造出來，亦無法遭致摧毀，即使是眾神也必須服從原子。牛頓也十分重視原子，但與其說是用來抵禦上帝的工具，他反倒認為原子是上帝所創造的工藝。關於自然的邏輯，牛頓比任何前人都還要瞭解，他寫道：「在我看來，上帝很可能在最初始時，將物質製成固態、大量、堅硬、無法穿透的可移動粒子……堅硬到永遠不可能磨損或被拆解成較小碎塊，沒有任何平凡的力量能夠分割上帝在創世初始製為**一體**的東西。」[1]確實，原子是物質世界的終極「一體」，具備完美的無法切割性，以及完美的整體性與無可摧毀性。

原子同時也使世界統一，因為葉子和人類都是由同樣的原子所構成。如果把一片葉子或一個人拆解，我們會得到相同的氫、氧、碳與其他元素的原子。因為有了原子，我們的物質實在便有了基礎，我們可以在那個基礎上建立**體制**，我們可以組織並建構剩下的世界。盧克萊修說：「**討喜的物質由滑順、圓潤的原子所構成，苦澀的物質由帶鉤、帶刺的原子所構成。**」[2]因為有了原子，面對那些由不同物質結合而成的東西，我們可以針對特定的比例訂定規則——這正是英國化學家道耳頓（John Dalton）於十九世紀初期所做的事。一氧化碳：一個碳原子加入一個氧原子；二氧化碳：一個碳原子加入兩個氧原子。碳永遠不可能會配上一個半的氧原子，因為我們無法將原子加以切割。而因為有了原子，我們可以預測化學元素的屬性，正如門得列夫（Dmitri Mendeleev）於十九世紀中葉所做的那樣。

原子防止我們不斷墜入更小、再更小的實在空間，與帕斯卡的概念相反。若依循這個想法，當我們觸及原子時，下墜便停止了。我們被抓住了，我們安全了。而從此之後，我們便開始返程，建立起剩下的世界。

雖然人們臆測出原子的存在已經有好幾千年的歷史，但它們的大小一直到愛因斯坦於他的奇蹟之年——一九〇五年——發表研究之前，都仍屬未知。當時，愛因斯坦研究了許多東西，包括相對論、光的粒子性等，而其中還有微小粒子懸浮在某種稱為「布朗運動」（Brownian motion）的流動狀態之中所呈現的抖動現象。這種運動以植物學家布朗（Robert Brown）命名，他在一八二七年時，首次描述到花粉在水中懸浮的隨機舞步。愛因斯坦解釋道，那種抖動行為一定是由水分子互相撞擊所造成的。愛因斯坦計算了一顆花粉與一個水分子互相撞擊的頻率及力道，再與他觀察到的運動互相比較，因此估計出一個水分子的大小與質量，並進一步得出構成水分子的氫原子與氧原子的大小及質量。

在一個由美國物理學協會（American Institute of Physics）設置的互動式網站上，你可以聆聽湯姆森（Joseph John Thomson）的聲音，談論他於一八九七年發現電子的經驗。[3]電子是第一個跑出來打擊原子的東西。湯姆森當初錄下這段音檔的年分為一九三四年，他已經七十八歲，於劍橋大學擔任了好幾年的卡文迪許（Cavendish）實驗物理學教授。那段錄音帶有許多雜訊，但其中的字句卻確鑿無疑：「還有什麼東西乍看之下能比這個物體更不實用嗎？它這麼地小，以致它的質量只不過是氫原子質量當中一個毫不重要的碎片。」確實很不實用！但實用性不是這裡的重點。我們要講的是思想的革命、對「統一」與「不可分割性」的殿堂所投擲的炸彈。當時有一張湯姆森的照片，呈現出一個死氣沉沉的嚴肅紳士，頂上微禿，戴著一副眼鏡並蓄著一把濃密的海象鬍鬚，雙手緊扣，白色的衣領顯得直挺，雙眼直盯著鏡頭，好似他正毫不害臊地瞪著兩千年的歷史。「遲早會來的，」他的凝視似乎如此說著：「所以就繫好安全帶，像個大人一樣地接受它吧。」

湯姆森之所以會發現電子，是因為他測量了帶有電荷的粒子受到電力與磁力影響而偏移的路徑。剛開始，湯姆森等人建立出精良的「真空幫浦」，以抽空粒子行經的玻璃管內的空氣，而研究中的小粒子的精密路徑會受到空氣分子影響。我個人對真空幫浦懷有龐大的敬意，我自己在讀大學的時候，也曾經在跟實驗物理學短暫的交手期間用到它們。在正確使用之下，真空幫浦最一開始會先發出一聲粗糙而刺耳的聲音，如同火車頭的擦嘎聲。接著，音頻會慢慢上升，變成一種尖銳、短促的哀叫聲，最後當它達成良好的真空狀態時，會發出一個滑順而低沉的哼聲作結。但如果還沒達到真空狀態的話，擦嘎火車頭的階段就永遠不會結束。

在良好真空狀態中，帶電粒子的偏移程度顯示出帶電量之於質量的比例。湯姆森等人從先前的實驗中便已得知氫原子（它是所有原子中質量最輕的）的比例。而湯姆森發現，其他的那些粒子（亦即電子，他稱之為「微粒」〔corpuscle〕，能夠透過加熱金屬產生）的比例約比氫原子的比例大上一千八百倍。假設帶電量相同的話，那就能推斷出其質量小上一千八百倍。事實證明，相較於原子，這些東西真的很小（雖然如前面所說的，我們一直到一九〇五年才知道原子的大小）。於是，原子並不是物質最小的單位。

當湯姆森在英國發現電子時，貝克勒（Antoine Henri Becquerel）與居禮（Marie Sklodowska Curie）在法國發現了原子的裂變，居禮稱之為「放射性」。貝克勒相信，他們最新觀察到、從鈾釋放而出的神祕輻射，也就是所謂的X光，是吸收陽光所導致的結果。因此，鈾X光能夠藉由附近的感光底片加以偵測。當初，貝克勒是在一八九六年二月二十六日進行實驗，那天巴黎是陰天，他的鈾沒有接收到任何能量充沛的陽光。他突然有個念頭，決定不論如何還是去沖洗底片。讓他意外的是，那些感光底片呈現強烈曝光，代表鈾本身釋放出某種輻射，並不需要藉由太陽激發。根據貝克勒後續的實驗顯示，那些輻射為某種帶電粒子，因為它們會受到磁場影響而偏離，就跟湯姆森的電子一樣。繼貝克勒的新發現之後，居禮進一步研究鈾輻射，並發現鈾原子會拋擲出自己的小碎片。一年後，居禮在另一個元素鐳上面發現同樣的原子裂變。到頭來，不可分割的原子其實可以分割。那它裡面有什麼？沒人知道。宇宙被顛覆了。

針對這些讓人心煩的發展，歷史學家亞當斯（Henry Adams）於一九〇三年做出以下反應：

隨著歷史以全新秩序自我揭示，人類心智做出一些如同年輕珍珠貝般的舉止——為了與自己的狀態相符而將牠的宇宙藏匿起來，直到牠打造出可以體現其完美概念的珍珠母殼為止……為了取得他的統一性，他犧牲了數百萬條生命，但他達成了，並正當地認為那是一件藝術品。

「一個上帝、一條律法、一個元素。」

〔亞當斯引用自丁尼生（Alfred Tennyson）〕

忽然之間，科學於一九〇〇年抬起了頭並提出駁斥……當居禮於一八九八年將她稱為鐳的形上學炸彈丟在科學之人的桌上時，他若未像受驚的狗那般從椅子上跳起來，那麼他必定是在打瞌睡。[4]

當湯姆森教授手中握有微粒之後，他提出了後來所謂的原子「葡萄乾布丁模型」（plum pudding model）：一顆小球內均勻地填滿帶有正電的「布丁」，其中撒入了一些帶有負電的電子。你需要帶有正電的布丁來平衡掉帶有負電的電子，因為我們知道原子皆為電中性。

十五年後，偉大的紐西蘭物理學家拉塞福（Ernest Rutherford）及其助理發現，原子根本不是布丁，反而比較像是桃子，中央位置有一粒硬核，包含了所有正電與幾乎全部的質量。存在於中央硬核內的新粒子稱為質子與中子；質子帶有正電，而中子則不帶電。這幅桃子的畫面之所以會出現，是因為拉塞福的團隊將次原子粒子發射到一張薄薄的原子紙上，其中有些粒子的偏離角度甚大，好比撞上某個很硬的東西，亦即原子內的硬核。如果沿用布丁的說法，那偏離幅度應該會滿小的才對。「這可說是在我的生命中所發生過最不可思議的事件。」拉塞福以低沉而有共鳴的聲音說道：「那不可思議的程度，幾乎就跟你將一個十五英寸的砲彈射向衛生紙，然後它彈回來打到你一樣。」[5]在每顆原子中央的硬核稱為原子核，比整顆原子小上十萬倍。如果要類比的話，假設一顆原子是波士頓紅襪隊的主場芬威球場（Fenway Park）的尺寸，它那密度高的原子核就會是一顆芥末籽的大小，而電子則在外圍露天看台優雅地繞行。事實上，除了幾乎無重力的電子雲霧之外，原子有百分之九十九·九九九九九九九九九九九的體積都是全空的空間。而既然我們和其他萬物都是由原子所構成，那麼，「我們大抵上是全空的空間」這句話便完全屬實。那廣大的「空」間或許是在我們將不可分割物加以分割之後，所得到最令人不安的結果。

到了最後，拉塞福所說的、位於原子中央的質子和中子，也會被發現其實仍含有更小的粒子，稱為夸克。

難道我們就這樣永無止盡地持續墜落嗎？難道我們的四周全都是沒有極限的無限——就像帕斯卡相信的，有無限大及無限小嗎？這種感覺讓人不太爽快，讓我想起艾雪（M. C. Escher）在畫作《升與降》（*Ascending and Descending*）裡，描繪出一排身披斗篷的人在中世紀城堡內繞著方庭行走的畫面。艾雪透過視錯覺，為這幅畫帶來讓人不安的感覺：行走者沿著持續往上的階梯不斷上升，但在完成一個輪迴之後，階梯卻又回到最初的起點。這座階梯沒有起點，也沒有終點，哪裡也去不成。

艾雪於一九六〇年完成《升與降》，當時物理學家才剛在全新的「原子粉碎者」及源自太空的高能量輻射當中，發現上百種新奇的次原子粒子。研究基本粒子與力學的領域被丟入一場混亂之中。除了電子、質子和中子之外，現在還出現了Δ粒子和Λ粒子，以及Σ、Ξ、Ω、π、κ、ρ等。當希臘字母用完的時候，那些該死的物理學家就改用拉丁字母。在這些新的次原子粒子當中，有些的完整生命週期，亦即從被創造出來的那一刻到消失的那一刻，只有短短的10^{-21}或〇．〇〇〇〇〇〇〇〇〇〇〇〇〇〇〇〇〇〇〇〇一秒。以前，即使神聖的原子開始解體了，其中仍存有某種秩序，也只有電子、質子和中子。但現在，就像個群獸亂嚎的動物園，似乎沒有任何基本的粒子、沒有組織原則，無限下鑽的螺旋沒有底端。

接著，人們於一九六〇年代晚期發現夸克。下墜暫時停止了。那數以百計的新粒子皆能以夸克來理解，各個都是由六種基本夸克以不同搭配組合而成。夸克為次原子動物園提供了全新的組織系統。夸克成為新的質子與中子，於是也成了新的原子。我曾經問過共同發現夸克的其中一位物理學家傅利曼（Jerry Friedman）是否認為夸克就是物質最小單位的終點了。他回答：「或許吧。」他提出理由，但又猶豫了。「可能會有我意料之外的事。」他咧嘴笑著說：「科學中總有意料之外的事。」[6]科學中意料之外的事，有好、也有壞。

古希臘的哲學家建立出一個令人畏懼的世界觀，稱為芝諾悖論（Zeno's Paradox）。假設你想要走十五英尺到房間的另一端，但在你走完那十五英尺之前，你必須先走一半，也就是七．五英尺。在你走完那七．五英尺之前，你必須先走它的一半，也就是三．七五英尺。而在你走完那三．七五英尺之前……以此類推。那些哲學家在腦中不斷將空間切成兩半，甚至無止盡地將它們切成更小、再更小的範圍，就跟數世紀後的帕斯卡一樣。於是，不可分割性向可分割性提出了挑戰。這場智力練習的最終結論是：你無法抵達房間的另一端。事實上，你甚至連一英寸都無法前進，而是被形上學的難題凍結了——你會被困在無限小的輪迴中。

當科學家與數學家談到無限時，他們通常會想像一系列愈來愈大的空間和數字，但無限也可以朝另一個方向前進。傅利曼不是哲學家，而是物理學家，但比較樂觀，認為夸克就是終點了。

不過，其他物理學家並不同意。在過去四十年以來，物理學家提出了遠比夸克來得更小的物體，稱為「弦線」。弦線不是點粒子，反而跟電子比較像，是極小的一維能量「弦」。它們的大小為普朗克長度，也就是重力和量子物理交會的地方（詳見前面的〈在虛無與無限之間〉）。弦線有一個重要的特性：它們所占據的空間，並不是我們熟悉的三維空間，而是九維或十維。在我們這個屬於桌子和樹木的世界裡，我們無法注意到其他多的維度，因為它們捲在極小的迴圈當中。同樣地，如果從遠方來看，花園用的水管看起來也只是一條線。

弦線原本是在一個關於強大核能的理論中提出來的。最近幾年，人們開始將它們納入量子重力論的假設之中，也就是人們針對愛因斯坦的重力論（廣義相對論）重新修訂、加入量子物理的版本。截至目前為止，沒有人知道該如何測試弦理論，甚至連它有沒有辦法受到驗證都不清楚，畢竟它涉及的尺寸如此之小。雖然該理論的數學層面非常優美，而且，坦白說，該理論或許是唯一能夠通往量子物理的途徑，但有些物理學家依然選擇屏棄這項理論。一個原因是，我們不可能對它進行驗證；另一個原因在於後來出現了許多不同版本的弦理論，每個版本都得出不同的結果，而且很可能也都對應到不同的宇宙空間、具備不同的特性。如果是這樣的話，我們的宇宙就只是一個由骰子擲出來的隨機空間。這就大大打擊了物理學家長期以來的希望，認為我們的宇宙必然是現在它所呈現的模樣，即使有少數的「第一原理」（first principles），但也別無其他可能，正如同填字遊戲只有唯一一組解法那樣。

不管弦線究竟是否存在，如同先前在〈在虛無與無限之間〉所討論到的，我們知道空間與時間在普朗克尺度就會失去意義。我們找不到比這更小的「粒子」，我們無法將空間切割成比這更小的元素。[7]人們花了兩千年的時間，才成功測量出假設中的原子的大小。一八九九年，普朗克結合了他新發現的量子常數，以及光的速度與牛頓的重力常數，假設出「普朗克長度」這個獨特的長度。而在我們真的有辦法測試出弦線的存在之前，是否也需要再經歷兩千年的時間呢？

注釋

1 Isaac Newton, *Optics*, book III, part 1, translated by Andrew Motte and revised by Florian Cajori, in Encyclopaedia Britannica's *Great Books of the Western World* (Chicago: University of Chicago Press, 1987), vol. 34, p. 541.

2 改寫自Lucretius, *De Rerum Natura*, book 2, 398–407。另參見*De Rerum Natura*, translated by W. H. D. Rouse in Loeb Classical Library (Cambridge, MA: Harvard University Press, 1982), p. 127。

3 http://history.aip.org/history/exhibits/electron/jjsound.htm.

4 Henry Adams, "The Grammar of Science," in *The Education of Henry Adams* (1903: Boston:

Houghton Mifflin, 1918), p. 458.

5 Ernest Rutherford in *Background to Modern Science*, ed. Joseph Needham and Walter Pagel (Cambridge: Cambridge University Press, 1938), p. 68.

6 我對傅利曼的訪談，二〇〇四年五月二十八日。

7 見 Lee Smolin, "Atoms of Space and Time," *Scientific American*, January 2004。

法蘭克斯坦，或現代普羅米修斯

「我的身世是日內瓦人，我的家族在共和國內享有數一數二崇高的地位。」[1]維多・法蘭克斯坦（Victor Frankenstein）於雪萊（Mary Shelley）著名的小說《科學怪人》（*Frankenstein*）中以這段回憶自白開場。年少的維多在讀大學時，於一場大雷雨中看到一道火柱由一棵美麗的橡樹竄出，此後，他開始迷戀所有關於科學的事，並進一步研究電力學、生物學、化學，以及新的科學領域流電學。「其中一個特別引發我注意的現象，」維多數年後回憶道：「是人類身軀的結構，其實還有任何擁有生命的動物。因此，我經常問自己：『生命的原理來自何處？』這是一個大膽的問題，且一直是個謎。」[2]經過數天數夜、耗時費力的實驗，維多成功發現賦予無生命之物生命的方法。他幾乎馬上就又覺得，這個赤裸的、關於生命的祕密無法滿足他——他想要創造出一個人類，擁有錯綜複雜的纖維、肌肉、血管以及大腦。

所以，維多所揭穿的祕密是什麼？人類花了數世紀的時間，絞盡腦汁想要釐清生命之謎。究竟是什麼讓這個偶然的分子大雜燴組織成有生命的細胞，能夠搏動、扭動、於周遭取得能量，然後再繁衍？我們每個人都源自父母的細胞，而我們的父母也源自其父母的細胞，以此類推回到幽暗的時間長廊。我們接受如此令人震驚的出身，將其視為既定的事實，但這一切是如何開始的？無庸置疑地，那個起源、地球上的生命之初，或許也包括了整個萬有的生命之初，都跟宇宙之初本身高度相似——誕生於虛無，亦即一切物質與能量的來源。

偉大的生物學家巴斯德（Louis Pasteur）表示，只有生命才會產出下一個生命，亦即「生命來自生命」（Omne vivum ex vivo）。[3]不過，少數現代生物學家相信，在地球的太古之初就已經有生命存在了，即便當時的地球仍是一顆剛放到沸騰的大熱鍋裡燉煮的化學物質球。那一切究竟是如何開始的？這是在原子經過無數次撞擊之後的必然結果嗎？也可能會發生在其他環境條件與地球相似的行星上嗎？還是這只是一個獨特的一次性事件？物理學、化學和生物學真的有辦法對這些問題提出明確的解答嗎？

除了這些關於起源的深刻科學問題之外，另外還有關於生命的**物質性**的哲學及神學問題。如果你把手指放在顯微鏡下，就可以看到細胞。舉例來說，紅血球看起來像帶有酒窩的紅色圓盤。如果你用高倍顯微鏡去觀察它們，就會看到小小的六邊形，也就是血紅蛋白的分子。再更高倍的顯微鏡可以進一步揭露出氧原子和氫原子的紋路，以及聚集在鐵原子周遭的碳原子和氮原子。那就是我們嗎？那就是我們的

全部了嗎？

直到十分晚近，對於生命的問題，生物學家還分成兩個陣營。

所謂的機械論者（mechanist）相信，生物只不過是許多的原子與分子、顯微鏡尺度的滑輪與槓桿、化學物質與電流——全都受制於化學、物理學及生物學的定律。對這個陣營而言，起源的問題相當於原子和簡單分子的構造與行為，以及存在於原始地球內的能量。而另一方面，生機論者（vitalist）論道，生命具備一種特性，某種非物質、精神上或超驗的力量，讓一大團雜亂的組職和化學物質能夠具有生命力地振動。那種超驗的力量超出物理學分析或解釋的範疇，有些人稱之為靈魂，古希臘人稱之為「pneuma」，意思為「氣」或「風」，而猶太教、基督宗教與伊斯蘭教全都認為只有神可以賦予靈魂呼吸。

現代的生物學家則皆為機械論者。事實上，有一個完整的跨學科領域稱為合成生物學，主要在探討生命系統的製造與操控成分，並在某種程度上輔以一九五〇年代初所發現的ＤＮＡ結構，以及分子生物學的初期發展。有些合成生物學家正在替微生物的ＤＮＡ重新編碼，以製造藥物、電池與工程設備。其他合成生物學家希望瞭解地球上的生命起源，另外還有一些人正在嘗試透過既有的生命有機體創造出新的生命形式，或是透過毫無生命的物質來進行。

這是一個新的領域。化學家在一九五〇年代時，將各種氣體混合以模擬古代大氣，並發現其放電活動（閃電）能夠產生胺基酸，亦即蛋白質的組成元素。[4] 史上第一個合成細胞於一九五〇年代末及一九六〇年代初出現。[5] 史上第一個混合基因於一九七〇年代初出現，方法是將兩個不同有機體的基因剪接在一起。[6] 史上第一次成功將各化學成分合成為一個完整的基因組，並將它注入一個宿主細胞內，是在二〇一〇年發生的。[7] 即使這些成就確實相當重要，但它們距離從無生命體創造出生命的目標還差得很遠。不過，有鑒於科學在歷史中素來累積的動能，以及參與其中的科學家的堅韌，達到那項目標可能是遲早的事。我們幾乎可以確定的是，第一個從零打造的人造生命形式將會是一個擁有單一基因的單一細胞，遠比細菌來得更加簡單，但就算是那樣，也將算是一大進展了。

這般結果將會是機械論主張的終極勝利，但想到我們什麼都不是，僅只是物質原子和分子，就會讓許多人非常不舒服。現在，我們暫且將神學考量擱置在一旁。關於自我、思考與情緒、自我意識與「我」的感覺，皆如此強烈、如此絕對地獨特、如此無法解釋，以致我們似乎無法理解這種感知其實完全立基於物質原子及分子。我們和其他生物或許什麼也不是、只是物質罷了——這看起來似乎是不可能的事，但它就是合成生物學家的公理，他們已然啟程準備從無生命體創造出生命了。

如果他們成功的話，其成功將重新開啟許多深層的問題。同時，由無生命體創造生命的能力或許能代表生物的終極自由。這並不是說我們可以從自然法則中掙脫，而是擺脫「生命來自生命」的天命——那條無以迴避的鏈條，既無意識卻又具備自主性，其中絕大部分顯得毫無知覺，但就連有感知的有機體對其精緻的身體機制的起源，也是一樣渾然不知。我們在童年時期的某個時間點，可能會意識到自己跟周遭世界有所區隔，是個有意識、有思想的生物，但我們不記得自己的誕生或在那之前的事。關於那些發生在我們的皮膚底下、數以兆計次的化學與電流程序，我們只知道零碎的片段，但卻不知道我們的生命和任何生命的這些奇蹟究竟是如何發生，又為何會發生。我們只能接受既定的一切。而假如合成生物學家成功從無生命體創造出生命，那我們將成為宇宙中的稀有物質，不但具備自我意識，甚至還能理解自身生命的祕密。

索斯達克（Jack Szostak）的實驗室，頗有可能是史上第一個從零打造的生命細胞會出現的地方。索斯達克是哈佛醫學院的遺傳學教授，身兼麻省總醫院（Massachusetts General Hospital）的化學及化學生物學教授。他出生於一九五〇年代初，恰好是富蘭克林（Rosalind Franklin）、克里克（Francis Crick）與華生（James Watson）在ＤＮＡ領域做出重大發現的時代。由於索斯達克的父親是加拿大皇家空軍的航空工程師，經常被派駐到不同地點，索斯達克便在德國與加拿大的不同城市中長大。他將自己年幼時對於科學的熱情歸功於工程師父親，因為父親為他在家中地下室打造了一座實驗室。索斯達克回憶道：「我在那裡做過的實驗通常都會用到一些非常危險的化學物質，都是我母親從她工作的公司帶回家的。」[8]此外，他年紀輕輕就立志要成為學者，同樣也歸功於父親：「我父親的工作常讓他不開心，不管是上司或下屬都會惹惱他。這絕對是讓我嚮往學術生活的緣故，因為學術界比較會主張人人平等。我從來不覺得自己是在為哪個老闆工作，或是有員工在替我工作，大家就只是同事，跟我一樣有興趣想更認識我們周遭的世界。」[9]

一九六八年，少年索斯達克正值十五歲，便在麥基爾大學（McGill University）展開大學生涯。他之所以會對生物學特別投入，是因為一次由傑克森實驗室（Jackson Laboratories）開辦的大學生暑期課程激發了他的熱情；傑克森實驗室位於緬因州離岸的沙漠山島（Mount Desert Island），他在那裡分析了老鼠的甲狀腺荷爾蒙。到了一九七〇年代初，索斯達克開始於康乃爾大學（Cornell University）攻讀碩士學位，研究酵母的DNA。該研究在接下來的十五年之間不斷增廣、加深，到最後，索斯達克總算發現酵母脆弱的染色體末端（其實所有染色體皆然）是由一種稱為「端粒」（telomere）的分子所保護著。之後，他更憑藉著這項成就榮獲二〇〇九年的諾貝爾生理學或醫學獎（與布雷克本〔Elizabeth Blackburn〕及格雷德〔Carol Greider〕共同獲獎）。

到了一九八〇年代中後半，對索斯達克而言，酵母生物學領域開始變得過於擁擠。他回憶道：「我日愈覺得自己在酵母領域的研究變得愈來愈不重要，因為其他人到最後一定會開始做我們已經做了少說幾個月、上至好幾年的實驗。」[10]打從索斯達克踏上學術生涯開始，他總是努力避免和其他科學家直接競爭。因此，即使他在年僅三十幾歲時就已經做出日後獲頒諾貝爾獎的研究，他卻開始將重心轉移至RNA（核醣核酸）上；這個分子跟DNA非常類似，一般相信它是DNA在生命演化中的祖先。此後，索斯達克與他實驗室裡的其他研究員便開始率先踏入從無生命體創造生命的領域。他們的一些重大成就包括：將簡單的化學物質製成細胞膜，展示這些細胞膜如何在簡易的化學與物理程序下成長及分化，並且對於RNA如何在周遭原始的膜內進行複製的機制有了部分的理解。

對於何時能夠聲稱一個微小的物質是「活著」的，並不是所有生物學家都有相同的見解。一般而言，必要條件包括：有機物的周圍具有某種膜（索斯達克稱之為「細胞腔隙」〔compartment〕）以區隔有機物本身與外面的世界，並將最重要的分子限縮在附近的範圍內，以及運用能量來源、成長、繁殖及演化等能力。索斯達克與同事於二〇〇九年在重要期刊《自然》（*Nature*）發表一篇論文，指出一個有生命的極小細胞會具備四個關鍵要素：細胞腔隙、如RNA或DNA等能夠進行複製的嵌入式分子、進行複製的方法，而且細胞腔隙壁和進行複製的分子之間必須具備某種互動，以利它們在達爾文式演化（Darwinian evolution）的威力下能夠互助。[11]索斯達克在這個領域的研究之所以能在眾多合成生物學家的研究中突出，在於他想要從零打造出有生命的細胞，而且只運用存在於太古地球中的簡單分子，他稱之為「前生命」（prebiotic）分子。相較之下，其他實驗室大多從既有的生命形式所衍生出來的複雜分子著手，它們早已具備經歷了數億年的天擇與演化之後的優勢。

雖然索斯達克既野心勃勃又專心一意，他對於自己的成就卻格外謙虛。當他於二〇〇九年獲頒諾貝爾獎時，他在自傳式的感言開場處說道：「雖然我以科學家身分達成了某種程度上的成就，但確切要說為什麼實在相當困難。」[12]他也格外地不吝於表揚、支持他人。「在科學的世界裡，其中一件令人快樂的事，」他說：「在於這裡充滿了良善的人，對於幫助學生或同事都再樂意不過了，不管是傳授技術或討論問題皆然。」[13]談及他所指導的第二位研究生穆瑞（Andrew Murray），索斯達克描述他是「一個才華洋溢、精力充沛的學生，跟他聊任何想像得到的實驗充滿樂趣」。[14]至於他的另一位學生，他回憶道：「我很幸運能夠『繼承』〔哈佛化學家諾爾斯（Jeremy Knowles）的〕的一個學生——洛爾施（Jon Lorsch）。他轉到我的實驗室，在核酶選擇和機械酶學方面做了傑出的研究。」[15]有張照片是索斯達克教授跟學生在哈佛醫學院一間看起來相當普通的房間裡拍的，上頭共有二十位笑容滿面的年輕人，有些站著、有些跪著，大部分的人都穿著牛仔褲。而舉止謙遜的他，就只是這個快樂家庭中的一員。

二〇一九年七月，我到索斯達克教授的辦公室與實驗室拜訪他，地點是麻省總醫院席姆切斯研究中心（Richard B. Simches Research Center）的四樓。那是一間小房間，只剛好能夠擺放一張小沙發、一張小桌子、一張堆滿論文和文件的小辦公桌，以及一只擺滿了生物學書籍與學生論文的書架。我們見面時，他穿著一件帶有汗漬的藍色亞麻襯衫跟一條皺巴巴的卡其褲，褲子從他的腰際鬆垮垮地垂下。他的頭髮稀疏，戴著眼鏡，說起話來聲音輕柔，幾乎可說是溫吞。他對於自己的研究顯然滿懷熱情，但同時，他的字句之間完全沒有絲毫誇耀或自以為是的意思。「人們忙著定義生命，」他告訴我：「但那對我們來說一點幫助也沒有。我在乎的是由簡入繁的過程和途徑，而在這個過程中，你可以畫一條線，說某個東西是『活的』，但不同人會在不同地方畫線。如果一個東西能夠開始演化，我就會說它是活的。」[16]演化和天擇儼然是強大的驅力。索斯達克指出，任何生物分子很自然地都會經歷突變，有些是正面的，有些則是負面的。只要有正確的化學環境，那演化就會自動發生。「一旦你擁有一個優勢元素，那就會有很大的驅力促成複製……如果有人可以釐清〔地球上的生命起源〕的話，那後續的一大堆事情就都會變得很簡單了。」他拍了頭一下，做出「我發現了！」的動作。「畢竟在地球的太古時期，這些事都是自己發生的。這事不可能會這麼難吧。」

二〇〇三年，索斯達克與同事成功示範了一種叫做蒙脫石（montmorillonite）

的常見黏土礦物，能夠在只運用存在於太古地球中的簡單分子的情況下，加速細胞「腔隙」的組成。[17]蒙脫石由火山灰構成，如今常用於貓砂中，似乎是個出色的催化劑。我們已經知道它可以幫助RNA分子從基本的構造完成組構。如今，索斯達克與同事又發現，如果讓一種稱為脂肪酸的簡單分子跟黏土接觸的話，它們就會產生鍵結、形成薄膜。接著，薄膜會自動密合，並將充滿液體的小囊（也就是腔隙）聚集起來，那可能就可以容納RNA或DNA等能夠進行複製的分子。此外，有了黏土之後，這些顯微鏡等級的小囊可以藉由併入其他脂肪酸自己成長。而事實證明，黏土表面有一種特殊的幾何與化學特性，能夠使這些反應加速。同時，索斯達克與同事也指出，當這些小囊穿透帶有小洞的物質時，會造成分裂，這個現象在某種程度上來說便是「繁殖」。因此，他算是示範了細胞腔隙的創造、成長及繁殖。

在他將這項研究發表於《科學》（*Science*）之後，幾乎隨即在媒體界廣為流傳。例如《紐約時報》（*The New York Times*）刊登了一篇標題為〈生命如何起源？〉（How Did Life Begin?）的文章，[18]而《科學人》（*Scientific American*）雜誌也發表了一篇標題為〈黏土或許促使首批細胞形成〉（Clay Could Have Encouraged First Cells to Form）的文章。[19]

索斯達克想要跟我分享這項發現背後的一個故事。隨著新聞媒體開始報導這件事，他收到基要派基督徒寄來的「海量電子郵件」，表示他們很開心他證明了上帝真的可以用黏土創造生命，正如《聖經》裡所說的那樣。「我本身是不信教，」他笑著提到這其中的諷刺之處，說：「我希望，在我們成功之後，『生命創造純屬自然』的這個概念最終能滲入我們的文化裡，我們不需要借助於任何神奇或超自然的東西……我想不通的是——那些信徒怎麼可以說自己知道上帝到底是如何辦到的？」

在我們對談的同時，索斯達克教授的一些學生和同事就在辦公室外的實驗室靜靜地工作。他目前的研究團隊包括十六位學生與博士後研究員。實驗室的主要空間是一個大房間，裡面有十幾座擺滿各種罐子和化學物質的長櫃。櫃子下方有工作檯，而我在其中一個工作檯上看到一個電腦螢幕、一本翻開的筆記本和筆，牆上和櫃子上也貼了不少張便利貼隨筆。跟這個大房間相連的是一些比較小的房間，裡面擺有數架質譜儀（用以測量微小粒子的質量—電荷比以進一步進行鑑定）、數架離心機、一個無氧區（包在一個氣密罩內，用以模擬早期地球的無氧大氣），還有一台用以測量分子結構的精密核磁共振儀器。正當我站在那裡，目瞪口呆地望著那台核磁共振儀器時，索斯達克提到，他希望可以有兩台，這樣一來，當其中一台出現暫時當機時，備用的另一台就能上場了。

索斯達克與許多其他研究生命起源的生物學家，支持一種稱為「RNA世界」（RNA world）的觀點。於一九六二年提出這個概念的第一人，是生物學家兼生物物理學家瑞奇（Alexander Rich），認為在地球歷史初期首度開始進行複製的分子並非DNA，而是RNA。這兩個分子在化學上算是表親，兩者之間有一些相異處。例如在現代細胞內，大多數的DNA為雙股螺旋，而大部分的RNA則呈單股；這兩個分子皆有四個遺傳字母，但其中一個不一樣；而且這兩個分子的主鏈包含了稍微不同的醣類分子。（DNA中的醣類分子是由RNA中較為簡單的醣類分子衍生而來，這也是另一個為什麼許多生物學家相信RNA先出現的原因。）RNA和DNA兩者都存有關於繁殖的資訊，但跟DNA不同的是，RNA還必須在細胞內執行另一項任務：它會讀取DNA分子上的資訊，然後把那個資訊帶入細胞中負責製造蛋白質的分區。

RNA世界假說在一九八〇年代初期突然大為盛行，因為生物學家切赫

（Thomas Cech）與奧特曼（Sidney Altman）分別獨立證明了RNA並不只是被動的資訊傳遞者，而是能夠催化反應、自主協助分子的產生。這項發現解決了長久以來的「雞生蛋、蛋生雞」型難題：製造DNA需要特定的蛋白質，但那些蛋白質又需要DNA才能產生。而RNA就可以達成這兩件事，包括替細胞儲存遺傳資訊，以及自我重建；RNA可以同時擔任地圖的攜帶者與繪製者。

單股的RNA比較容易受到外來化學物質的攻擊與破壞，並不像DNA那麼穩定。隨著時間的推演，在達爾文式演化的過程中，RNA身為主要遺傳資訊庫的地位大概早就被DNA取代了，但根據RNA世界的觀點，RNA在一開始時可能是執行複製的主要分子。

索斯達克相信，在原始細胞的內部結構中，除了RNA的單股跟一些簡單的化學物質之外，還需要更多東西來作為組構的原料。他們現在還不清楚組構究竟是如何發生的，而這也是學者在理解該如何從無生命體創造出生命所遇到的一大阻礙。索斯達克表示：「就我來看，當前最關鍵的問題，是去理解當初啟動第一個RNA複製模式的化學機制。」[20]換句話說，負責進行複製的分子究竟是如何替細胞攜帶所有藍圖、進行自我複製的？索斯達克也提到，利用蛋白酶（催化劑）及其他經過數百萬年演化歷程的複雜分子來複製RNA其實相當簡單，但他想要知道生命是如何起源的。他也想試著模擬出RNA複製在原始地球中的可能發生方式，畢竟當初只有簡單的分子存在。「我們的方法還有很長一段路要走。目前，我們可以複製RNA模板中的較短片段，以製造出RNA雙螺旋股作為補足。可是我們複製RNA的能力僅限於非常短的長度，我們也還不能進行多週期複製，也就是去複製複製品。在原始細胞中進行無限複製是我們的目標，因為我們認為，如果可以在負責複製的囊泡（膜腔隙）內複製RNA的話，我們就能得出有辦法進行達爾文式演化的系統。」[21]

研究地球上的生命起源，以及在實驗室從無生命體創造生命之相關嘗試，掀起各種哲學、神學、倫理與社會議題。科幻小說、學術界及宗教會議與機構已經預言了其中許多議題，但隨著索斯達克及其他合成生物家的成功，這些討論現在又引起全新關注。

在《銀河飛龍》（*Star Trek: The Next Generation*）的其中一集裡，指揮官Data將他自己身體的一部分打斷，然後就這樣盯著從手腕中赤裸裸地突出來的糾纏電線與電腦晶片。雖然Data是一台機器，但觀眾一向將他視為人類。他看起來像人類，對待其他角色的方式既貼心又帶有同情心，而且似乎能夠分辨對錯。而這一幕讓我們不舒服的地方，並不在於Data受傷了，而是因為他——我們也是——突然看到他體內的機械零件。關於其存在的祕密一直懸而未解，他身體動作與思想的複雜性、他的感受的微妙深度、關於生物那看似永無止盡的謎，全都透過這些突出來的電線以圖像的方式縮減成好幾安培的電流、縮減成這些電腦零件內〇與一的特定組合。我們感到被冒犯，我們感覺萬物的自然秩序好像受到某種侵犯。

在我們這個科技大幅進展的時代裡，我們有小盒子可以跨越空間遠距傳送文字和圖片，也有其他設備可以改善我們的聽力和視力，還有藥物能夠改變我們的想法和個性，上述這一切都是人造的——此時，「自然」與「非自然」之間的界線就變得模糊了。有人可能會論道，由於我們人類是「自然」的，而我們的大腦和其他能力也經過「自然」的演化歷程，那麼，我們所製造的一切皆屬「自然」。但其他人就不同意了。索斯達克的實驗室所創造出來的有機物，跟我們在石頭下、濕潤土壤裡所找到的有機物，兩者之間如果有任何差異的話，那究竟會是什麼呢？

住在田納西州孟斐斯的知名拉比格林斯坦（Micah Greenstein）明確地表示，在實驗室中創造出來的有機物不會有靈魂。「靈魂是所有生物體內的生命動力，無法量化。」格林斯坦拉比說：「有了這個特徵，所有的生命形式才會是活的。狗有靈魂，牠們跟人類一樣會哭嚎、表現同情心，還有愛的能力。人類的靈魂則被賦予了照顧其他生命形式的能力，也包括照顧地球本身。假如我們真能建構出新生命，我相信，也沒有任何方式能夠將我所說的靈魂『吹』入原始人類或原始狗體內。你可以說那是個性，也可以說那是每個人類個體的特有招牌。在一部美好的米德拉什（midrash）[22]裡，眾拉比談到造幣者與造物者之間的差異。造幣者將同樣的圖樣放在每一塊謝克爾（shekel）上，它們全都一模一樣；造物者則將『靈魂』吹入每個人體內，雖然每一個人都同樣被賜予靈魂，但沒有任何人是完全一樣的，每一個人的靈魂都是他們獨特的招牌。」[23]

關於這項討論，有神論者也擔心著另一件事：當人類創造出具有生命的有機物時，似乎侵犯了本應只屬於上帝的領域及知識。事實上，這個擔憂背後有個悠久的歷史。在彌爾頓的《失樂園》（一六六七年，寫於牛頓的時代、現代科學的開端）裡，當亞當向天使拉斐爾提出對天體運行機制的質疑時，拉斐爾提供了一些模糊的暗示，接著說道：「其餘的／不論源自人或偉大的建築天使／皆明智地隱藏，而不透露／使祂的祕密被那些只應仰慕祂的人／得以審視。」[24]一九九六年，當英國胚胎學家維爾穆特博士（Ian Wilmut）藉由一隻成羊的細胞以無性繁殖的方式複製出一隻名為桃莉（Dolly）的小羊時，那無疑是科學上的一大成就，但在倫理學與神學方面卻警鈴大作、響徹全球。《紐約時報》將那隻羊的操作人形容為「撬開了現代生命最禁忌、最挑逗的門」。[25]無性繁殖是個複雜的議題，我們必須將治療性複製（以治療疾病）與生殖性複製（以產生新的有機物）加以區分。針對複製人的這個主題，大部分的宗教團體表示堅決反對或抱持高度懷疑的態度。但就算桃莉出現了，當這項成就被公布於世時，許多人依舊相當不舒服。不少文章的標題寫著「扮演上帝」等字眼，即使到了今天，根據近期的蓋洛普調查，仍有百分之六十六的美國人認為複製動物「於倫理上是錯誤的」，而百分之三十一的人則表示這件事「於倫理上是可接受的」。[26]

約翰霍普金斯大學（Johns Hopkins University）的生醫倫理學教授費登（Ruth Faden）同時也是該大學附屬伯曼生物倫理學中心（Berman Institute of Bioethics）的創辦人，她根據人造有機物的「道德地位」（moral status）替這個問題建構框架。其中，一個實體的「道德地位」決定了它的權利與價值，並規範了我們人類應該以哪種道德上的義務對待它。這個詞隨著二十世紀的墮胎辯論脈絡開始廣為流傳，討論到人類胚胎究竟是否擁有道德地位。費登教授特別針對合成生物學跟我討論這個議題。「生命是如何形成的，這真的重要嗎？」她說：「這件事在科學上確實重要，但這對那些被創造出來的實體而言重要嗎？我們對待它的方式，應該跟我們對待在石頭下找到的生物有所不同嗎？有些人覺得，在倫理的範疇裡，有機和無機實體之間有一條很明顯的線。有生命體所擁有的價值，是無機體無法擁有的。誰有道德地位，誰沒有道德地位，這之間有很大的爭議。」據費登的說法，對有宗教信仰的人而言，「我們或許是在重新定義生命火花的所在」。她也補充道：「對許多不信教的人來說，重要的並不是靈魂，而是感知。」[27]意思是，在誰應該具備某種程度的道德地位與否之間的分隔線，取決於有機物是否有感覺及意識。意識（consciousness）與自我覺知（self-awareness）這兩者很難明確定義，但不管我們把線畫在哪裡，生物學家都很有可能在未來的某個時間點上，具備創造有感知的生物的能力。

不論如何，至少對《銀河飛龍》的創作者與編劇來說，指揮官Data確實擁有道德地位。那由維多．法蘭克斯坦所打造的生物是否擁有道德地位呢？具備學習及表達能力的電腦有沒有道德地位呢？在格林斯坦拉比的觀點裡，這些實體都沒有靈魂，但姑且不論定義為何，其中有些實體確實擁有感知。在一九八〇、九〇年代於柬埔寨重建佛教僧侶體系的要角尤．霍．喀瑪迦羅（Yos Hut Khemacaro）告訴我，不相信靈魂的佛教徒對於人造的生命形式並無異議，並且，「如果我們在其身上看到與『自然』生物相同的特質的話」，便會賦予它們「道德、價值與尊嚴」。[28]

有些觀察家將合成生物學擺放在更為廣泛、急遽發展的一般科技脈絡之中，以及其中對於遏制的需求。社會與政治倡議家黑茲（Richard Hayes）同時也是柏克萊遺傳學暨社會中心的前主任，他說：「我們正在人類歷史的分水嶺上，又或者是說非常接近了。現在的問題已經不再是某項新科技或其應用的優缺。我相信，我們需要深深地大吸一口氣、往後倒退一大步，然後給我們自己一些時間和空間去評量我們目前所處的位置、我們怎麼走到這一步的、我們接下來想要去哪裡，還要完整地去考量所有的社會、政治與科技維度。我們需要畫定界線。假如我們應允科學家創造有生命的單一細胞——好比說，可以用來有效地將大氣中的二氧化碳移除——那為什麼卻不允許創造雙細胞有機體呢？可以更有效率地移除二氧化碳？或者擁有兩百個、兩千個細胞的有機體？能夠將大海裡的污染物移除？為什麼不要長得像魚或老鼠，卻具備特定人類認知能力的有機體？可以訓練它們，達成許多有用的目的？如果這些都可以的話，那為什麼不允許創造人猿混合物種，來執行更加有用的任務？」[29]

想當然耳，這其中涉及安全問題。一九七〇年代初期，任職於史丹佛大學的伯格（Paul Berg）製造出雜合的DNA環，結合來自兩個不同有機體的DNA，一個是稱為SV40的病毒，另一個則是常見的大腸桿菌。伯格原先計畫將這個人造的重組DNA再注射回大腸桿菌中，但由於這是在自然中從未見過的有機體，考量到其中無法預測的後果，伯格終止了實驗。當時，美國國家學院（U.S. National Academy of Sciences）特別派任一個委員會去探討DNA重組研究的安全問題。待委員會於一九七四年發表報告之後，科學家建議全球學界，在各方更瞭解風險之前，最好暫緩特定的DNA重組研究。該調查委員會寫道：「其中一大考量在於某些人造的DNA重組分子可能會帶來生物性危害。」[30]如今已經過了四十五年，學界也已有完善的準則，DNA重組技術在許多領域上皆有巨大實質貢獻，包括新疫苗的製造、人類胰島素等蛋白質治療、凝血因子以及基因治療等。

有一項更近期的發展發生於二〇一〇年，凡特（J. Craig Venter）與同事創造了一組基因，是原本既有的細菌基因的變異體，然後再把一個細菌的DNA移除，將新的基因組注入其中。就這樣，該細菌便由新的合成基因接管了。這項成就引起總統級的調查——是由歐巴馬總統指派的。調查報告的標題為〈合成生物學及新興科技之倫理〉（The Ethics of Synthetic Biology and Emerging Technologies），內容寫道：「於生物學與遺傳學的悠長研究史上，凡特研究所（The Venter Institute）的研究及合成生物學處於一個新方向的初期階段。去年五月〔關於凡特的成就〕的消息雖然就許多方面而言確實卓越非凡，但並不代表創造生命是一項具有科學意義或道德倫理的事件……為了為人類處境與環境帶來益處，委員會認為，不論是聲明在所有風險皆能被指認、減緩之前合成生物學應該暫緩動作，抑或是忽視可能的風險而『順應科學的自然』，都是不謹慎的作法……對此，委員會提出一個折衷方案：一個持續執行的審慎警惕體制，必須時時仔細監督、指認並減緩潛在及已實現之傷害。」[31]

一九八一年，在偉大的理論物理學家費曼去世的前幾年，他接受了BBC電視節目《地平線》（*Horizon*）的訪問，被問到一個關於其諾貝爾獎項的問題。費曼回答：「瑞典皇家科學院裡某個人決定這個研究夠高尚，足以獲獎——我看不出來這有什麼了不起，不過，我確實得獎了。這個獎項是關於找出事情的喜悅、成功發現的刺激感、觀察到其他人也會用它〔我的研究〕——這些才是真正重要的。」[32]索斯達克也有一座諾貝爾獎，而他本身勢必也意識到自己的研究的許多神學、倫理學及哲學面向。此外，他也很清楚合成生物學整體而言在醫學和商業上的機會。（他與兩位同事於一九九〇年代時，曾經成立一間生物科技新創公司，生產新興種類的蛋白質。他回憶道：「雖然那間公司於商業上不算成功，但卻是非常有趣、具有教育意義的經驗。」）[33]不過，不斷激勵著索斯達克與其他許多基礎科學家的，跟當初促使費曼不斷前進的原因是一樣的，那就是「找出事情的喜悅」，這讓他們半夜在實驗室或辦公桌前挑夜燈，以專心一致地思考，有時候甚至因此忽略了家人和朋友。生命在地球上是如何起源的？第一批開始進行複製的細胞長怎樣？我們該如何從無生命的物質創造出有生命的東西？從無生命到有生命，從簡單的化學物質到會扭動、成長、演化、繁衍的東西？很少會有問題比這些更深刻，但重點並不只在於問題是否深刻，而是找出東西的純粹喜悅，以及成為瞭解自然中的某件事的史上第一人那種無可匹敵的興奮。

當我在跟索斯達克教授聊他的研究時，雖然他的聲音十分安靜，但我可以聽出他的熱情。在他的自傳裡，他談到自己在研究如何創造出能夠進行複製的原始分子（他稱之為修飾核酸〔modified nucleic acid〕或遺傳聚合物〔genetic polymer〕）時，他寫下了這些字句：「看到自己實驗室的人開發出新的方法來合成修飾核酸，讓我十分振奮，但在等待這些模板導向的聚合實驗結果時，那種懸而未決的感受簡直令人難以承受。根據我們目前的見解，關於能夠進行化學性複製的遺傳分子，還不清楚將來是否能夠找出許多解法，或只有一個解法，還是完全沒有解法，但不論如何，這樣的探索依然讓人興奮。」

若相較費曼及索斯達克各自從科學中所獲得的喜悅，兩者之間有一個很大的差異。身為理論物理學家的費曼總是獨自工作，但相較之下，索斯達克與現今的多數生物學家皆以團隊為單位工作，四周圍繞著一群研究生、博士後研究員及其他同事，比較像是一種社會企業。而那份情誼為索斯達克以及其他較高階的生命形式帶來額外的喜悅。在我拜訪索斯達克教授的最後，他為過去十年下了一個結論：「我最喜歡做的事，是跟其他同事、學生和博後聊天。擁有實驗室最讚的一點，就是能夠幫助年輕人發展。」

注釋

1 Mary Shelley, *Frankenstein; or, The Modern Prometheus* (1818), chapter 1.

2 Ibid., chapter 4.

3 René Dubos, *Louis Pasteur: Free Lance of Science* (Cambridge, MA: Da Capo Press, 1960), p. 187.

4 此指米勒（Stanley Miller）與尤里（Harold Urey）的實驗。

5 此指張明瑞於麥基爾大學（McGill University）所進行的研究。

6 首次成功創造出**改動的**生命形式的案例發生於一九七〇年代，是透過將兩個不同有機體的基因捻接在一起而達成。此指伯格（Paul Berg）等人於一九七二年的研究。

7 此指凡特（J. Craig Venter）等人於二〇一〇年的研究。

8 Szostak, Nobel autobiography (2009), https://www.nobelprize.org/prizes/medicine/2009/szostak/biographical/.

9 Ibid.

10 Ibid.

11 Jack W. Szostak, David P. Bartel, and P. Luigi Luisi, “Synthesizing Life,” *Nature* 408 (January 18,

2001): 387.

12 Szostak, Nobel autobiography.

13 Ibid.

14 Ibid.

15 Ibid.

16 我對索斯達克的訪談，二〇一九年七月十九日。除非另有標注，以下索斯達克引言均來自此次訪談。

17 "Experimental Models of Primitive Cellular Compartments: Encapsulation, Growth, and Division," *Science* 302 (October 24, 2003).

18 Nicholas Wade, "How Did Life Begin?" *New York Times*, November 11, 2003.

19 Sarah Graham, "Clay Could Have Encouraged First Cells to Form," October 24, 2003, https://www.scientificamerican.com/article/clay-could-have-encourage/.

20 索斯達克寫給我的電子郵件，二〇一九年八月五日。

21 Ibid.

22 譯注：猶太教經典注釋。

23 格林斯坦寫給我的電子郵件，二〇一九年五月二十四日。

24 *Paradise Lost*, book 8, lines 71–75.

25 Michael Specter with Gina Kolata, “After Decades of Missteps, How Cloning Succeeded,” *New York Times*, March 3, 1997.

26 https://news.gallup.com/poll/6028/cloning.aspx.

27 我與費登的對談，二〇一九年八月十九日。

28 尤．霍．喀瑪迦羅寫給我的電子郵件，二〇一九年八月十五日。

29 黑茲寫給我的電子郵件，二〇一九年八月十日。

30 Paul Berg et al., “Potential Biohazards of Recombinant DNA Molecules,” *Science*, July 26, 1974.

31 Presidential Commission for the Study of Bioethical Issues, December 2010, https://bioethicsarchive.georgetown.edu/pcsbi/synthetic-biology-report.html.

32 Richard Feynman, *The Pleasure of Finding Things Out* (Cambridge, MA: Helix Books, 1999), p. 12.

33 Szostak, Nobel autobiography.

心智

一千億：一個星系中的恆星數量，一個大腦中的神經元數量

我們大腦中的神經元數量大約等同於一個星系中的恆星數量——一千億——這個事實總是令我感到震撼不已。前者反映出一個意識單位的建構，亦即心智，而後者，如果從一個龐然大物的視角來看的話，就是一個發亮的宇宙單位的建構。我們或許不該幫這個巧合做太多腦補。但不管怎樣，它還是提醒了我們在宇宙中的定位，正如哥白尼（Nicolaus Copernicus）和達爾文提醒我們、為我們重新定位那樣。

我們不只是宇宙物質，更是於恆星中所製造出來的**那個**物質。我們的原子、我們特有的原子，一個接著一個，都是在恆星的核反應過程中鑄造而成的，接著，當那些恆星爆炸時，它們被拋至外太空，並在那裡旋繞、壓縮了數百萬年，然後形成行星，最終形成單細胞有機物，還有我們人類。我們確確實實地就是宇宙的一部分。與一般大眾所相信的相反，宇宙中並沒有以下這兩種物質：第一種是無生命的物質，例如岩石、水、行星和恆星等；第二種是有生命的物質，具備某種超自然的超驗本質。事實上，太空中只有單一一種物質，一切都是由原子構成的。岩石、水、空氣、樹木、人類……萬物皆由這樣相同的原子所構成。

儘管如此，這一切仍令人驚豔——光是將原子聚集起來，就可以產生如此精緻的意識感知、愛與憤怒的感覺、自我覺知與自我省思、記憶、畫家與哲學家與科學家。這怎麼可能？英國哲學家麥金（Colin McGinn）論道，我們永遠無法瞭解「意識」，因為我們永遠無法脫離我們的心智去對它進行分析。[1]我們必然地受困於這三磅重的潮濕灰色物質之中，局限在這其中思考、感知。不論麥金說得對不對，我們確實必須認知到，任何關於有形宇宙的討論，都是基於我們的感知、我們的語言、我們所建立的工具加以斷定而來的。而在任何關於我們與世界的個人經驗的討論中，都必定包含記憶，以及記憶中異想天開的成分。對我們人類來說，我們的心智是我們在描述實在時，不可或缺的一部分。我們研究其他動物、植物、核反應、細胞分裂、DNA、行星、恆星，而在進行這些研究時，我們自己總會參與其中，因為我們無法跳出我們的心智進行思考。因此，當科學家兼數學家帕斯卡在思忖宇宙中的無限小與無限大時，他將人類納入相同的段落，看起來似乎相當自然。不過，就像我前面說過的，我們並不需要懼怕那個「無限」，而應該去擁抱它。畢竟，我們是其中的一部分。

許多年前，我帶著兩歲女兒第一次去海邊。我們將車子停在一段距離外的地方，看不到海。接著，我們步行越過一大片沙灘，還經過沙丘、螃蟹殼，以及跑跑停停的笛鴴。最後，我們爬過一個砂質山丘，那裡有大海，不斷往前延伸又延伸，直到它與天空融為一體。這是我女兒第一次瞥見無限。有那麼一瞬間，她的臉龐凍結住了，接著，一個大大的笑容在她臉上綻放開來。

注釋

1 例如，見 Colin McGinn, *The Mysterious Flame* (New York: Basic Books, 1999)。

微笑：我們知道的，以及我們無法知道的

那是一個三月的星期六。男人慢慢地醒來，伸手去感覺窗玻璃，覺得溫度夠暖和、不需要穿發熱內衣。他打了個哈欠，著裝完畢後出門晨跑。回到家以後，他沖了個澡，替自己準備一份炒蛋，接著拿了《懷特論文》（*Essays of E. B. White*）坐到沙發上。大約中午時，他騎著腳踏車前往書店，在那裡待了幾小時，就只是東翻翻、西翻翻。之後，他騎腳踏車回程，穿過小鎮、路經他家，一路騎往湖邊。

而女人今天早上醒來、起床之後，馬上走去她的畫架邊，拿起粉彩筆、準備開始畫畫。一個小時之後，她對光影效果感到心滿意足，便停筆去吃早餐。她迅速換好衣服，走到一間附近的商店去買浴簾。她在商店裡遇到幾個朋友，跟他們共進午餐。之後，她想要有一些獨處時光，便開車到湖邊。此時，男人和女人都站在木碼頭上，盯著那座湖與湖面上的浪。兩人都沒有注意到彼此。

男人轉身。讓他注意到她的一系列事件就此展開。從她身上反射的光，以每秒十兆顆光粒子的速度，瞬間進入他的眼睛瞳孔中。[1] 一旦進入雙眼的瞳孔，光便繼續穿過一個橢圓形的晶狀體，接著穿越充滿透明、果凍狀物質的眼球，最後落在視網膜上。這裡聚集了一億個視桿細胞與視錐細胞。[2]

在反光途徑中的細胞接收到大量的光，但在反光處以外的陰影處的細胞，卻接收到非常少量的光。例如女人的嘴唇，現在在陽光中閃閃發亮，將高強度的光反射至男人視網膜後側中央點稍微偏東北方的一小團細胞上。相較之下，她嘴巴的外緣輪廓比較暗，所以在那一個東北位置周遭的細胞，所接收到的光就少了許多。

光的每一顆粒子只要接觸到一顆由二十個碳原子、二十八個氫原子與一個氧原子所組成的視網膜分子，其旅程便會結束。[3]當一個視網膜分子處於休眠狀態時，它會附著在一個蛋白質分子上，而且第十一和第十五個碳原子之間會有一個扭結。但當它接觸到光時——正如每一秒都正在三京[4]個視網膜分子內上演的那樣——分子就會展開，並脫離其蛋白質。經過中間幾個步驟之後，它又會捲回扭結的模樣，等待另一個新的光粒子的到來。自從男人看到女人之後，時間只過了千分之一秒不到——遠遠不到。

神經細胞（又名神經元）受到視網膜分子的舞動所刺激，做出了反應。先是在眼睛裡，接著在大腦中。[5]舉例來說，一個神經元正剛開始動作。在它表面上的蛋白質分子突然改變形狀，阻擋周遭體液中帶正電的鈉原子流入。帶電原子流的轉變使得穿過細胞的電壓產生變化。過了一小段只有一英寸的距離後，該電子訊號抵達神經元的末端，改變了特定分子的釋放，而那些分子接著移動了十萬分之一英寸的距離，直到它們碰到下一個神經元、將訊息傳遞出去。

事實上，女人將手擺在身體兩側，頭歪著五．五度角，頭髮恰好落在肩膀上。這些資訊及其他許多、許多資訊，全都極為嚴謹地被男人眼中各個神經元的電流一一編碼。

在接下來的幾千分之一秒內，那些電子訊號會抵達神經節裡的神經元，它們集結在眼睛後側的視神經內，負責將資訊傳遞給大腦。在這裡，電流迅速衝向初級視覺皮質，那是一個摺了很多層的組織，厚度約十分之一英寸、面積約兩平方英寸，而在五、六個摺層中約包含了一億個神經元。其中，第四個摺層最先接受到輸入的訊息，它會進行初步分析，並將資訊輸送至其他摺層內的神經元。每一個神經元在每一個階段中，都會從其他一千個神經元接收到訊號，並將那些訊號整合——有些會互相抵銷——然後再將計算過後的結果發送至大概一千個左右的其他神經元。

過了大約三十秒之後，數百兆的反射光粒子已經進入男人的眼睛、經過處理了，現在，女人說了「哈囉」。空氣分子隨即被擠壓在一起，然後分開，然後又在一起……起始點是她的聲帶，它們以彈跳般的移動方式傳到男人的耳朵。那個聲音從她傳到他（二十英尺）的時間，只花了五十分之一秒。6

在他兩邊的耳內，震動中的空氣很快就將起始點至耳膜之間的距離填滿。耳膜是一層橢圓形的膜，直徑約〇．三英寸，由耳道的底部傾斜五十五度角。[7]然後，它本身會開始震動，並將它的動作傳遞給三根小骨頭。之後，那些震動會使耳蝸內的液體跟著晃動；其中，耳蝸像蝸牛似地，以螺旋地方式繞了兩圈半。

那些聲調在耳蝸內獲得破解。在這裡，一個非常薄的膜會隨著晃動的液體產生起伏，另外還有不同粗度的細絲會穿過這個基底膜，如同豎琴上的弦一般。從遠處傳來的女人的聲音正在彈奏著這把豎琴。她的「哈囉」先是從較低音域開始，到最後慢慢提高音高。而在基底膜內較粗的絲線會率先震動，精準地做出回應，接著才是較細的絲線。最後，以成千上萬的數量附著在基底膜上的桿狀物體，會將特定的顫動傳達至聽覺神經。

關於女人的「哈囉」的這則新聞，會以電子的形式沿著聽覺神經衝刺，進入男人的大腦，經過視丘，抵達大腦皮質中負責執行進一步處理的特別區。最後，在男人大腦裡的那一千億個神經元當中，有很大一部分會涉及計算剛才接獲的視覺與聽覺資訊。鈉和鉀的閘門開了之後又關上。電流沿著神經元纖維快速地移動。分子則從一個神經的末端流至下一個。

以上這一切都是我們知道的事。我們無法知道的，是為什麼男人會在一分鐘之後走向女人，並露出微笑。

注釋

1 我透過以下方式計算出從女人反射出來、再進入男人瞳孔中的光粒子（光子）數量：在擴散於四周的日光當中，光的平均強度約為每平方公分每秒一百四十萬耳格（erg）。我用了一個可見光子的平均能量——兩電子伏特（一耳格等於六·二四乘以十的十一次方電子伏特）——相當於每平方公分每秒四十京個光子。由於瞳孔在亮光之中的大小約為〇·〇四平方公分，所以進入瞳孔的光總量為每秒三京個光子。接下來，假設女人的身體面積為五平方英尺（女性的一般比例），而她站在男人的二十英尺之外，約位於男人的〇·〇〇二半球對角位置。由她所反射而來的光的比例約為百分之二十。如果我從光的總量取出這個比例（〇·〇〇二乘以百分之二十乘以三京），那便會得到我所寫的這個數字。

2 眼睛的結構，包含桿細胞與錐細胞的尺寸，可見於《格雷氏解剖學》（*Gray's Anatomy*）第十三章。

3 關於視網膜分子的討論，見 Allen Kropf and Ruth Hubbard, "Molecular Isomers in Vision," *Scientific American*, June 1967。

4 譯注：京即十的十六次方。

5 關於大腦的視覺資訊傳輸以及神經元、視神經與視覺皮質的運作，見 David H. Hubel and Thorsten N. Wiesel, "Brain Mechanisms of Vision," *Scientific American*, September 1979。

6 正常條件下，空氣中的音速是每秒一千一百英尺。

7 耳朵的結構可見於《格雷氏解剖學》第十三章。

注意力，神經元的同步吟唱

我們的大腦每一刻都在接受資訊轟炸，可能是外來的、也可能是內部產生的。光是眼睛，每一秒就會向大腦傳送超過一千億筆訊號，耳朵也會收到排山倒海而來的聲響。接著還有內部有意識、無意識的思想碎片，紛紛從一個神經元衝向另一個神經元。而在這些資訊當中，很多都是隨機且毫無意義的。確實，為了讓我們好好運作，我們必須忽略其中許多資訊，但當然不是全部都該忽視。那麼，我們的大腦如何選擇哪些資訊才是相關的？我們該如何決定應該去注意煙霧警報器的嗶嗶聲，但卻忽略水龍頭漏水的滴答聲？我們是怎麼開始意識到特定的刺激，或甚至是怎麼開始變得「有意識」的？

過去數十年以來，心理學家、哲學家與科學家以心智的認知模型，持續辯論著我們是透過何種程序來對事物產生注意力。不過，在現代科學家的觀點裡，「心智」並不是跟身軀分離的某種特異的非物質元素；所有關於心智的問題，到最後都一定可以由生理細胞的研究來解答、透過大腦中的那一千億個神經元的精細運作來解釋。那麼，在這個層級上，問題應該是：一群神經元如何將訊號傳遞給另一群神經元及認知指揮中心，告訴對方它們有重要的事要說？

「好幾年前，」神經科學家戴思蒙（Robert Desimone）在我最近到辦公室拜訪他時，跟我說：「我們以前只要知道大腦哪個區域在受到不同的刺激會亮起來的時候，就感到很滿足了。現在我們想要知道其中的**機制**。」[1]戴思蒙是麻省理工麥戈文大腦研究所（McGovern Institute for Brain Research）的主任。他穿著輕便的藍色細條紋上衣，頭髮中只有少到不能再少的白髮；以六十二歲的人來說，他看起來年輕又俐落。在整齊的辦公室裡，書架上擺了好幾張他兩個小孩的照片，年紀都還很小。牆壁上則掛了一大幅水彩，畫名為《神經花園》（*Neural Gardens*），描繪了一座錯綜複雜的神經元森林，它們細長的軸突和樹突有如根似地向下蜿蜒，扎入土壤中。

二〇一四年，戴思蒙與同事巴爾道夫（Daniel Baldauf）在一篇發表於《自然》的文章中提到一項實驗，闡明了注意力的生理機制。[2]兩位研究員快速地向受試者展示一連串的影像，就像持續轉換的電影分鏡一般。影像分別是兩個東西的系列圖，包括臉和房子，但他們請受試者只專注於臉的影像、忽視房子（或相反）。他們以兩種不同的頻率閃現影像，讓它們「緊貼著」彼此：每三分之二秒就會出現一張新的臉的影像，而每半秒就會出現新的房子影像。戴思蒙和巴爾道夫利用腦磁圖（MEG）與功能性核磁共振造影（fMRI）檢視受試者大腦中的腦電活動，藉此得以確定影像被傳送至腦中的哪個地方。

兩位科學家發現，雖然這兩組影像幾乎是不間斷地一個接著一個出現，但它們卻被送到腦中的不同地方處理。臉的影像是由顳葉表面的一個特定區域負責，是專門處理臉部辨識的地方。而房子的影像則是由附近的另一群神經元進行，它們專門處理地點辨識。

最重要的是，戴思蒙和巴爾道夫發現，這兩個區域內的神經元呈現不同的行為。當受試者被指示專注於臉、忽視房子時，在辨別臉部區域的神經元會同步啟動，有如一群齊聲合唱的人，但在辨別房子區域的神經元的啟動卻不同步，大家隨機地在歌曲的任何地方加入、開唱。而當受試者專注於房子、忽視臉的時候，情況便顛倒過來。再者，腦中另一個稱為額下葉交接處的地方（位於額葉一個彈珠大小的區域）似乎負責編排同步神經元的合唱，因為它啟動的時機比它們稍微早一些。證據顯示，在細胞層級上，被我們視為「注意某物」的事件源自於一群神經元的同步啟動，而它們具有節奏的電流活動會從眾神經元的背景雜音中竄出，抑或是像戴思蒙曾經用過的描述：「這般同步吟唱，讓相關的資訊可以更有效地被大腦的其他區域給『聽到』。」

注意力與神經元同步活動兩者之間的關聯，是由尼伯（Ernst Niebur）與柯霍

（Christof Koch）於二十年前首次提出的假設。戴思蒙是第一批就特定案例證實這項假設的科學家，當時為二〇〇一年。身為這個領域中的先驅，戴思蒙很快便提及其他重要人物的名字，例如索爾克生物研究所（Salk Institute）的雷諾茲（John Reynolds），擅長結合物理、神經生理學及計算神經模型以研究在視野中同時出現的物品（例如在發亮的網格中被分別強調的區域）如何彼此競爭、博得注意。與此同時，普林斯頓大學的卡斯特納（Sabine Kastner）最近開始比較人類與猴子對視覺任務的注意力，而哥倫比亞大學的哥德堡（Michael Goldberg）也在最近指出，在產生注意力的過程中，大腦中一個稱為側頂區的地方會針對視覺訊號及認知訊號進行「總結」。在神經科學中這個不斷成長的領域裡，戴思蒙本身就已經培養出超過三十五個人了。

我問戴思蒙，神經元合唱的指揮，在這個例子裡是額下葉交接處，怎麼知道它必須注意哪一個特定的刺激呢？在他的實驗中，他們請受試者將注意力放在臉或房子其中一者上，但如果是意料之外的刺激呢？好比一隻猛衝過來的獅子，或是一個突然出現的可能戀愛對象？戴思蒙說：「我們還不瞭解這個答案。」那一堆隨機的聲音又是如何開始同步的呢？它們只需要跟彼此交換筆記就能辨到這件事了嗎？還是它們需要一個外部的指揮官？一聽到第二個問題，戴思蒙就像小男孩一般咧嘴而笑，並從他的公事包中拿出六座小型節拍器。他將一塊木板平衡在兩個空的檸檬汽水瓶上，再將節拍器並排在木板上。接著，他紛紛開啟那些節拍器，它們之間並未同步。但幾分鐘之後，它們的滴答聲全都同步了——它們只透過木板的震動與彼此完成溝通、達到同步，完全不需要任何外部媒介。當然，神經元使用不同的方法跟彼此溝通：它們會藉由每個神經元發射出來的、類似植物根的上百條細絲傳遞化學訊息。由戴思蒙的節拍器擺錘可知，有些神經元可以在不借助指揮的情況下自己同步。不過，哪些神經元程序可以自發地組織，哪些則需要較高層級的認知指揮官？這個問題我們現在還不清楚。

到了拜訪尾聲，我向戴思蒙詢問關於「意識」這種看起來很奇怪的經驗，對我來說，這是人類存在中最深層、最讓我感到困擾的面向。一大堆黏稠的血液、骨頭和膠質組織究竟是如何變成一個有感知的東西？它是怎麼覺察到自己與周遭有所區別？它怎麼會發展出一個自己、一個自我、一個「我」？戴思蒙不假思索地回答道，人們太高估關於意識的這個謎團了。「隨著我們愈來愈認識大腦裡的精細機制，」他說：「『什麼是意識？』的這個問題會慢慢散去，變成毫不相關的抽象命題。」根據戴思蒙的看法，意識只是用來形容注意力這種心智經驗的模糊字詞，而我們現在正在用個體神經元的電流及化學活動針對它慢慢地進行剖析。他丟了一個類比：試想一輛橫衝直撞的車子。有人可能會問：在那個東西裡面，哪個部分是它的**動力**？但當他瞭解了車子的引擎，汽油如何被火星塞點燃，以及引擎汽缸與零件的運動之後，他就不會再問那個問題了。

我自己也是一個科學家、一個唯物論者，但我離開戴思蒙的辦公室時，一股莫名的失落感油然而生。雖然我說不清楚到底是為什麼，但我不想要把自己的思想、自己的情感和自己的自我感簡化成神經元的電流顫動。

我希望，至少我的某部分存在，還能繼續藏在謎團之中。

注釋

1 我在戴思蒙麻省理工辦公室對他的訪談，二〇一四年九月十七日。

2 "Neural Mechanisms of Object-Based Attention," *Science* 344, no. 6182 (April 2014): 424–27.

（一種）不朽

現在正值八月初，我躺在吊床裡，思索著生命的有限性。距離此時的一百年之後，我就會不見，但眼前的這些雲杉和雪松，還有很多棵會繼續留在這裡。吹拂過它們的風聽起來仍會像是遠方的瀑布聲，土地的曲線會跟現在長得一樣，我漫步的路徑或許也還會在這裡，雖然它們大概會覆上新的植被。岸上的石塊和岩架依然會在這裡，包括我特別喜歡的那塊岩架，它的形狀像是一隻大型動物骨節分明的背部。有時，我會坐在那塊岩架上，想著它以後會不會記得我。就連我的房子可能都還會留著，或至少它的水泥柱地基會在，然後在帶有鹽分的空氣中風化。不過，最終，甚至是這塊土地都必然會產生變化，徹底改變，然後消散。在這個物質世界中，沒有任何東西會永垂不朽。一切都會改變、消逝。

雖說如此，但我覺得，人們或許太高估生與死之間的區別了。我後來開始相信，死亡是透過意識的削弱慢慢發生的事。

且讓我來解釋解釋。根據科學的觀點，我們是由物質原子所構成——就只是物質原子，其他什麼也不是。更準確來說，人類平均是由大約七乘以十的二十七次方個原子（七千秭個原子）所構成，包括百分之六十五的氧、百分之十八的碳、百分之十的氫、百分之三的氮、百分之一．四的鈣、百分之一．一的磷，以及另外五十四種少量的化學元素。我們的組織、肌肉、器官，全都是由這些原子組成。而根據這種科學觀點，除此之外，再也沒有其他東西了。在一個具備智慧的外星體看來，我們每一個人類看起來就只是一團原子的聚集體，藉著不同的電子與化學能量發出嗡嗡聲。當然，這是一團特別的聚集體。石頭不會做出跟人類一樣的行為。但根據科學，我們所經歷的意識與思想等心智感知，純粹是神經元之間的純物質電流及化學交互作用所產生的物質結果，換句話說，這些也單純只是原子的聚集體。而當我們死亡時，這種特別的聚集體便會解散。原子會留下，只不過四散各方。

在這些討論當中，大腦尤其特別。在科學的觀點裡，大腦是我們的自我覺察能力的起源地、我們的記憶的儲藏處，以及我們那縹緲的自我與「我」形成的地方。像是麻省理工的戴思蒙等神經科學家早已非常仔細地研究大腦了。有很多事是已知的，但也有很多事仍然未知。不過，這個器官的物質性無庸置疑。我們有足夠的證據可以證明，資訊的處理與儲存是由叫做「神經元」的大腦細胞所達成的。平均而言，人腦中約有一千億個神經元，而每個神經元都有細細長長的線連接到另外一千個、一萬個神經元上。關於這些神經元的電子和化學結構，我們已經瞭解很大一部分了。

即使我們已經知道大腦的物質本質，意識的感知——自我的、「我」的感知——仍是如此地強而有力、激動人心，對我們的存在而言，也是如此地不可或缺，但卻又難以形容。於是，我們賜予自己和其他人類一種神祕的特質、某種壯麗的非物質元素，綻放得比任何原子的聚集體都更為盛大許多。有些人覺得，那個神祕的東西是靈魂；有些人覺得，它是「自己」（Self）；其他人覺得，它是意識。

關於靈魂，我們普遍都知道我們無法以科學的方式去討論它。至於意識，以及與之密切相關的「自己」卻不然。意識和「自己」的經驗不是由那幾兆個神經元的連結、電流和化學流所造成的幻覺嗎？如果你不喜歡**幻覺**這個詞，那你可以繼續沿用「感知」。你可以說，我們所謂的「自己」，是我們為神經元內的某種特定電流與化學流帶來的心智感知所取的名字。那種感知源於物質大腦。我現在申明大腦的物質性，絕對不是要貶低大腦。人腦能夠達成一切我們認為是屬於高等生物才有的絕妙成就，包括想像、自我反省與思考。假如剛才那個具備智慧的外星體詳細地審視人類的話，他／她／它會看見液體流動、鈣和鉀的閘門隨著電子快速穿越神經細胞而開開闔闔，也會看到乙醯膽鹼分子在突觸之間移動。可是，他／她／它卻不會找到「自己」。我想，「自己」和意識都是我們幫那些電流和化學流所產生的感知所起的名字。

如果有人現在開始拆解我的大腦，一次拆下一個神經元——取決於他們從哪裡開始——我可能會首先失去幾個動作技能，然後一些記憶，然後或許是尋找特定字詞來組成句子的能力、辨認臉的能力、知道自己在哪裡的能力。這個緩慢的大腦拆解過程當中，我會變得愈來愈迷失。那些被我與自我和「自己」加以連結的一切，都會逐漸瓦解成一灘困惑與最簡化的存在。那些穿著藍色和綠色手術袍的醫生，可以將被移除的神經元一個、一個丟到鋼碗裡，而它們每一個都是一小滴灰色黏液，岔出很多軸突和樹突的細線。它們很軟，所以即使醫生把它們重重地甩入碗中，你也不會聽到微弱的砰聲。

同樣地，那些穿著藍色和綠色手術袍的醫生，也可以由零開始，一次裝上一個神經元，再細膩地安排神經元之間的連結，最終建構出大腦。他們可能會將其中一些神經元連接到一台可以監測整體腦電活動的裝置上。一個接著一個的神經元，一條接著一條的連線。起初應該只有噪音，但我猜，在某個時間點上會發生改變，冒出一個條理清晰的訊號——或許是戴思蒙所說的同步嗡鳴聲——可以粗略地翻譯成：「哎呀，有東西在搞我。」

如果我們將死亡構想成虛無，那我們便無法想像它。但如果我們將死亡構想成意識的全然失去——這個觀點源自「身體是物質原子的構成體」的理解——那麼，我們就是在隨著意識褪去、消散的過程中，以階段的方式逐漸趨近死亡。如此一來，生與死之間的區別就不再是極端的非黑即白的命題了。

神經科學家達馬吉歐（Antonio Damasio）將意識定義成不同層級。[1] 首先，他稱最低層級為「原始自我」（protoself），關乎於一個有機體執行生命最基本的程序的能力，但也僅此而已。好比阿米巴原蟲便擁有原始自我，但我不會將這個層級的存在與意識加以連結。我們幾乎可以肯定的是，思想和自我覺察需要最低數量的神經元才得以成立，遠超過阿米巴原蟲所擁有的東西。下一個層級是「核心意識」（core consciousness），這是自我覺察與在當下思考、判斷的能力，但其中牽涉到的記憶頂多只能回溯至幾分鐘以前。這種有機體的等級遠高於阿米巴原蟲，可能有辦法理解它周遭的世界，以及它在那個世界中的位置，但它只存在於當下。例如患有特定疾病的人，就只擁有核心意識，他們無法形成超過幾分鐘長的新記憶，而除了特定的獨立時間區段之外，他們也記不住過去曾經發生了什麼事。大多時候，他們沒辦法回想起過去的人際關係，或是他們曾經愛過的人與愛過他們的人。他們無法為未來做計畫，完全受困於當下。

最高層級的意識為「外延意識」（extended consciousness），所有健康的人類都擁有之。在這裡，我們可以記得生命中過往的大多時刻，也能在當下完全運作。我們能夠以過去經驗為基礎，記得自己對於世界的觀點；我們能夠記得自己深植於那些經驗裡的價值體系；我們能夠記得自己喜歡什麼、不喜歡什麼，還有我們去過的地方、遇過的人。如同大多數心理學家所理解的，自我認同應該需要外延意識，也就是長期記憶。但這些都是人們尚未徹底理解的複雜議題。

而將人腦逐漸拆解的過程——不論是由我想像中穿著手術袍的醫生動手執行的，抑或是由神經系統疾病所引起的大腦衰退——可能會從外延意識退至核心意識，再退至原始自我。又或許，其推演過程其實不會如此遵照順序，而是在這裡移除一些些的外延意識，又在那裡移除一塊塊的核心意識，直到什麼也不剩，只留下原始自我。但不管過程究竟如何進行，大家一開始都具備完整意識，最後變成像阿米巴原蟲一般的存在，僅以生物學家對「活著」所訂定的正式定義活著。一個人原本擁有完整的生命，最終以死亡或等同於死亡的狀態作結。而這個過程有可能以循序漸進的方式發生，所以人們或許多少能意識到「逐漸失去意識」這件事本身。

關於以這種方式靠近死亡的過程，初期失智症患者的自述，能夠為我們提供最佳理解。在失智症的初期階段中，心智還保有足夠的完整度去理解、表達究竟發生了什麼事。到了後續階段，敘述者本身便已墜落至困惑的深淵之中，消失無蹤。他們的自我感會在中下區段的某一個時間點上瓦解、消散。我知道，這是個讓人開心不起來的話題。

我自己有些至親曾經歷過不同形式的失智症。在我們當中，很多人都不會遇到這種折磨、這種令人沮喪的死亡方式；我自己也不太想去預想這件事。但意識與意識的失去，是我最近在思忖生與死之間的界線的一部分。對一個不相信死後世界的人而言，意識這個主題相當有趣。而從唯物論者的角度來看，死亡是我們為一團原子命的名——它們曾經組成一個特殊構造，也就是能夠運作的神經系統網絡，而現在已經不再如此了。

從科學的觀點來看，除了我以上所闡述的那些事，其他的說法我都無法相信。但這幅圖像無法讓我滿意，就跟戴思蒙對意識的解釋也無法讓我滿意一樣。在我的腦海中，我仍能看見我母親隨著巴薩諾瓦舞曲起舞，跟著節拍自信活潑地扭著屁股，就像她以前常做的那樣。我依然可以聽見我父親講述著他的「庫嘶」工匠[2]笑話：「它『庫嘶』了一聲，我十五分鐘後還可以再做出另一個。」我常常會想：我已故的母親和父親，他們現在在哪裡？我很清楚唯物論的解釋，但那並無助於減緩我對他們的思念，或「他們再也不存在了」的這個無法承受的真相。

我必須坦承，即使我相信自己只是一團原子的聚集體，也相信我的意識正一點一滴、一個神經元接著一個神經元地慢慢消散，意識的假象卻讓我感到心滿意足。我接受這個說法。距離現在的一百年後、甚至一千年後，我的某些原子還會留在這個地方、我躺在吊床裡的這個地方——能夠知道這件事讓我感到很愉快。那些原子並不會知道自己是從哪裡來的，但它們曾經屬於我。其中一些曾經是我對於母親跳著巴薩諾瓦舞步的記憶的一部分，一些是我對於自己第一間充滿醋味的公寓的記憶的一部分，還有一些曾經是我的手的一部分。如果此時，我可以在我的每一個原子貼上標籤、印上我的社會安全號碼，有人就可以在接下來的一千年內追蹤它們：飄在空中、混入土壤內、成為某株植物或某棵樹的一部分、在海裡分解，然後再重新飄入空中。無庸置疑地，我的某些原子將成為其他人的一部分、某些人的一部分，而某些原子將成為其他生命、其他記憶的一部分。那大概也是一種不朽吧。

注釋

1 例如，見 *The Feeling of What Happens: Body and Emotion in the Making of Consciousness* (New York: Harcourt, 1999)。

2 譯注：原文為 Cooshmaker，故事大意是一位自稱為庫嘶工匠的人毛遂自薦到船上工作，但各層官員為了面子不願顯得自己無知，便無人提問什麼是庫嘶工匠。最後該工匠打造出一個不明鐵製品，丟入海裡，發出「庫嘶」的聲音。

在這個本來有一棟房子的空間裡

當我乘著有如銀色鬼魅的科學奇蹟穿越大氣時，遠方的地表岔出一棟棟小房子和一條條小馬路。現在，我的雙親都去世了，一切事物都顯得奇怪。我是醒著還是在睡覺呢？我正要飛回我童年成長的地方孟斐斯，處理父親的後事，再看一看我們全家曾一起住過的房子最後一眼。

我坐在潘娜拉麵包店裡。吃完午餐後，我會坐上我租來的車、駛往西櫻桃圓環。我本來希望我的兄弟都能跟我一起回老家一趟，但他們不想再看到它了；我們數個月前就把房子賣掉了。我望向窗外的楊樹大道，想起一間原本開在對街的餐廳，它叫做歐曼，我和朋友以前常在高中舞會或派對結束後，在深夜時去那家店吃塞滿洋蔥的漢堡、薯餅和黑底派。

是時候了。我坐上租來的車。我兩年前最後一次去那棟房子時，我父親還等著迎接我。他在屋子裡，坐在輪椅上，即使當時已經四月了，他仍穿著暖和的毛衣跟柔軟的室內拖，大腿上攤著一本書。

我轉入西櫻桃圓環，駛經一些熟悉的房子。現在正值春天，花朵四處綻放，但有些地方不太對勁：我的老家不見了，房子的原址現在有一個洞。我緩慢地開上私人車道，把車停好。有些地方非常不對勁，感覺好像我再也不在自己的身軀內似地——我的身軀是一個遙遠的寒月。以前這裡有一棟兩層樓房，有粉紅色磚牆，門廊上有白柱和屋頂窗。我可以直接望穿眼前的那團空氣，看見對面的灌木和大樹。而在房子原先矗立的地上，現在長滿了新草，完全沒有任何磚塊或碎片或殘骸。

我緩緩走下車，我的胃慢慢打成結——某人的胃。接著，我在房子原先矗立的那片草地上四處走晃。這塊空間太小了。我盯著車道，視線沿著車道在高聳的木蘭花樹處轉彎，一路蜿蜒至街上。我跟兄弟以前曾經有一次拿著一直猛湧出水柱的澆花水管，在木蘭花樹那裡互相追逐。我盯著鄰居的房子、停車處後方的圍籬，想著自己好像不知怎麼地犯了一個錯。

我倒退一步，眨了眨眼，但四周只有寧靜、死寂的空氣。這裡以前有一棟房子啊，這裡以前有一整個完整的生命宇宙在這裡啊，在廚房的木桌上有炸雞和馬鈴薯泥等餐點啊，還有衣櫥、抽屜、褐紅色雙盞燈旁的回家作業、我和兄弟的警察捉小偷遊戲、在晨間刮鬍的父親、看電視度過的晚間時光。我試著將房子放回它原本的位置，包括廚房、臥室、櫃子、練習吉他的父親、在長鏡前打扮的母親。我試著將它具象化。它以前曾經在這裡啊。

某個粗心大意的神把我的生命緞帶剪斷了——過去的那六十五年，以及我接下來的餘生。屬於過去的那一段消失在漆黑的永恆之中，又或者消失在虛無之中。直到此刻以前，我一直堅信過去依然存在，被捕捉於事物與事物之間的空間裡，相片裡、書本裡、我的身軀曾經到過的地方裡。我試著在腦中將時間捲回來。我走近一叢參差不齊的杜鵑花。在這裡、在這個只有空氣的空洞角落裡，我記得自己曾被一個惡夢嚇醒，然後鑽到哥哥的床上睡在他旁邊。我們的床相距六英尺遠，牆邊有一張書桌、一座衣櫃，地上鋪有一張白色的羊毛地毯。它們就在這裡，我此時此刻站的位置上。而在那裡，我記得自己幫父親把船槳拿到湖邊，為一趟旅行做準備。二樓，一座衣櫃掛有一個照明用的燈泡，然後那裡還有一座桃花心木寫字櫃，上面擺了以皮革裝訂的書籍，我母親會在那裡以一手斜前傾的字跡寫信。我可以看到她穿著浴袍、坐在那裡的桌邊，雙腿在椅子下緊張地交纏著。

我正試著回想我今天早上是從哪裡來的：另一座城市、另一棟房子、我的妻子，還有我在打包小行李時她跟我說的每一字、每一句。我試著描繪出她的臉龐、她的頭髮、她當時穿的衣服。我試著回想我們昨天晚上晚餐吃了什麼。部分影像閃過我的腦海，還有我們所說的隻字片語。神經生物學家說，記憶並不是錄影機的回放功能，而是由我們在四處蒐集而來的神經元碎片拼湊而成，是漫遊的的氣味、被突兀地切斷的視覺碎片、半透明的經驗一個個疊在一起的拼貼畫。一切都存在於電流與特定分子的流動之中。神經生物學家說，在人腦中那數十億個神經元之間的連結會隨著時間改變。假如真是如此，那麼宇宙等於在我們的腦中不斷、不斷、不斷地持續轉變。

我記錯了。我希望我的兄弟也在這裡，我想要看到活在我的過去裡的人，也就是已然不見的那段緞帶。這樣一來，我們就可以比對、驗證。他們以前也曾住在這棟房子裡，但他們的腦袋不是我的。他們有屬於自己的數十億個神經元，以及其中不斷轉變的連結。有些哲學家表示，對於我們大腦以外的外在世界，我們一無所知——沒有什麼比得上那些在我們腦中、在悠長而曲折的記憶走廊裡、在大門半開半掩的寬敞心智房間內所游移的東西，或是那些徘徊在想像力的燭台吊燈下喋喋不休的鬼魂。

假如你所記得的事物跟你眼見位於十英尺外的事物兩者不相符，那麼，哪個才是真的？椅子、氣味、兄弟……你知道什麼？你該如何證明你今天早上拉開的抽屜跟你晚上關上的抽屜是同一個？而那數十億個神經元就這樣一直不斷地編造故事。

我記得我還是十二歲時的一個片刻，當時我看著父親因為要訂做衣服而需要量身。他的裁縫師特地來到家裡，兩人在樓下的中間臥室碰面，大約距離我現在所站的位置十英尺遠。我父親當時應該已經四十一歲了，他是個精瘦的人，五官俊俏、標緻。裁縫師將皮尺繞上父親的脖子，兩人有如老友般地閒聊、大笑。我努力地想要聽他們到底在說什麼。我以前從來沒見過這位裁縫師，但他和父親兩人相處得如此自在，我也因此感到平靜放鬆。一個有友善的裁縫師會為了幫父親做新衣而親自來到家裡量身的世界，是一個安全的世界。但那個世界現在依舊安全嗎？我現在就站在那裡。我現在就站在這裡，等著、聽著。

這一切都是我想像出來的，或許連我自己都是由我想像出來的——或更確切來說，我有一種感覺，覺得自己是個自我，而不只是一團原子和分子的聚集體，不只是神經元的電流竄動。然而，從所有那些化學與電子的顫抖裡，關於意識的幻覺油然而生。愛默生（Ralph Waldo Emerson）曾寫道：「夢境將我們運送至夢境，而幻象永無止盡。」[1] 此時此刻，我的軀殼已經離我而去。物理學家說時間是相對的。而在這裡、在這個本來有一棟房子的空間裡，時間也已然消散了。我被時間欺騙並擊敗了。

一輛造景卡車駛上車道，停了下來。兩名男子帶著鏟子、植物和一袋袋的糞肥從卡車上下來。他們其中一人困惑地看著我，好像在問為什麼我在那裡，接著就無視於我，開始準備施灑肥料、挖掘土壤。或許我根本不在這裡。我看著那兩名男子，想像自己可以看穿他們，就像我可以望穿處在房子原位的那團空氣一樣。

這兩個人對於這裡曾經有的一切毫無概念。他們自顧自地挖土、種下植物；他們眼裡看到的只不過是一塊空地。他們的神經元跟我的不一樣，他們有屬於自己的記憶櫥櫃。或許，此時此刻，他們正在想著自己家裡的花園和庭院、他們曾經去過的地方、他們的女友和妻子。不知道我明天還會不會記得這兩名男子：他們的存在很短暫，僅於此時此地。我可能在接下來的幾天內會記得他們現在的模樣，穿著牛仔褲、靴子、深色眼鏡、手套，其中一人抽著紙菸。這幅景象將會愈來愈模糊，直到完全消失——就像原本在這裡的房子一樣消散不見，成為不復存在的過往片段。

我回到幾小時前到訪的餐廳，這裡的一切都跟我記憶中的一樣：在筆記型電腦上打字的人們、煤氣爐內的藍色火焰、我口袋裡一張寫著「我明天飛」的紙條。一個我以前認識的人坐在一張桌子邊；我覺得應該是他。我叫了一聲：「大衛。」他可能沒有聽到。

注釋

1 Ralph Waldo Emerson, "Experience," in *Essays: Second Series* (1844).

為混亂辯護

印度納姆加爾寺（Namgyal Monastery）的佛教僧侶在進行一項儀式，他們運用彩色的沙製作出精緻的圖樣，稱為曼荼羅。每個曼荼羅的產生都需要花上好幾個星期的精細作工，範圍最大可以達到三公尺寬。製作過程需要好幾位身穿橙袍的僧侶在一處平面上彎著腰、刮著金屬瓶。他們從金屬瓶中擠出沙子，每次只有少少的幾粒沙，擠到事先由粉筆標記的範圍內，而那些記號皆經過仔細的測量。慢慢、慢慢地，一幅古老的圖樣便完成了。完成之後，僧侶會說禱詞、停頓片刻，接著在五分鐘之內將一切掃掉。[1]

雖然我還沒親眼目睹過這項儀式，但我在東南亞旅遊時也曾見過不少曼荼羅。對佛教徒而言，曼荼羅的製作及銷毀象徵著塵世存在的短暫。不過，這項儀式也讓我想起「有序」與「無序」在我們的世界核心的深刻共生。

令人有點驚訝的是，大自然不但需要混亂，甚至更因此欣欣向榮。行星、恆星、生命，甚至是時間的方向，全都仰賴著混亂的「無序」狀態。而我們人類亦然，尤其是當我們將隨機、新奇、自發性、自由意志以及不可預測性等概念，與混亂歸類在一起時更顯如此。我們可能會將這些概念都放在同一個精神層次的籃子裡，而在與之對立的「有序」分類裡，我們可以集結系統、律法、理智、理性、模式、可預測性等概念。雖然這些不同的概念分類彼此之間並沒有像暮光和破曉那種鏡像關係，但它們也具備著共通點。

有序與混亂對我們的原始吸引力，可以在現代美學之中見得。我們喜歡對稱和圖樣，但我們也喜歡一些不對稱的元素。英國藝術史學家宮布利希（Ernst Gombrich）相信，雖然人類於心理上深受秩序所吸引，但在藝術中，完美秩序卻一點也不有趣。「不論我們如何分析規律及不規律之間的差異，」他在《秩序感》（*The Sense of Order*）中寫道：「我們終究必得能夠解釋美學經驗的最基本事實，也就是欣喜滿足感座落於無聊與困惑之間。」[2]如果過於有序，我們便會失去興趣；如果過於混亂，那就沒有什麼東西能夠引起我們的興趣了。這就是人類心智的運作方式。我的妻子是一位畫家，她總會在畫布的角落潑上一些色彩，讓它顯得失衡，使整幅畫看起來更有吸引力。事實證明，我們在視覺上的最佳打擊點就介於無聊與困惑、可預測性與新鮮感之間。

人類與「有序—無序」這組連結之間的關係相當矛盾。我們會輪流受到兩者吸引：有時，我們欣賞原則、律法與秩序，我們擁抱理由與原因，我們尋求可預測性；但在其他時候，我們重視自發性、不可預測性、新奇，以及無拘無束的個人自由。我們喜愛西方古典音樂的結構，也喜歡爵士樂即興節奏的隨心所欲。我們被雪花的對稱性吸引，但我們也會因為高空中的雲的無固定形狀而感到狂喜。我們欣賞純種動物的常態特徵，同時也對混種與雜種生物驚豔。我們或許會敬重那些成功理性生活、過著正直人生的人，但我們也會欽佩那些打破規範、特立獨行的人，並頌揚我們本身的瘋狂、不羈及不可預測性。我們是一種奇怪又矛盾的動物——我們人類啊。而我們所棲居的宇宙也同等奇怪。

你可以在我們的科學及藝術當中看見「有序—無序」之間的創造張力。在阿基米德於公元前二五〇年所建構的浮體原理中，他在表達大自然的其中一項定量原理時，就已經預示了接下來的科學時代。他說：「任何完整或部分沉浸於液體之中的物體，都會經歷一股向上的力，相當於被移除之液體的重量。」[3]換句話說，物體只會沉到被移除之液體重量等同於物體本身重量的程度。為了證實這項優雅的原理，阿基米德已經運用不同形狀、不同大小的各式物體做過一次又一次的實驗，另外還有水、汞等不同液體。（在古希臘的廣場中有提供秤子，讓人們測量小麥、鹹魚、玻璃、銅與銀。）

事實證明，由質量與力所組構的世界具備邏輯、理性，又可量化、可預測。但在更早的兩個世紀以前，蘇格拉底卻頌揚著瘋狂的創造力——他就是那個四處遊蕩的智者；根據柏拉圖與其他人的形容，比起人類，蘇格拉底更像羊人，短小粗壯，鼻子又短又寬，還有一雙凸眼。[4]他說：「在靈魂中無法觸及繆思之瘋狂的人來到門口，想說他將能藉由藝術的幫助進入神廟。我說，他與他的詩皆未被接受；當他開始跟狂人較勁時，那位理智之人便消失得無影無蹤。」[5]人們一向將創造力與新奇、驚喜等概念加以連結，以及心理學家與神經科學家所說的**擴散性思考**（*divergent thinking*），亦即針對一個問題，以隨機且無序的方式探索許多不同途徑與解法的能力。相較之下，**聚斂性思考**（*convergent thinking*）是比較具有邏輯與秩序、按部就班解決問題的方法。法國數學家龐加萊（Henri Poincaré）曾於一九一〇年描述到他在醞釀其中一項數學發現時，其過程如同一支雙人舞：

> 我花了十五天的時間，努力證明沒有任何其他〔數學〕函數跟我所稱的富克斯（Fuchsian）函數一樣。我當時非常無知；我每天都會坐在辦公桌邊，待上一兩個小時，嘗試大量的組合，然後一無所得。有一天晚上，我違反了平常的慣例，喝了黑咖啡後睡不著。各種點子開始湧入，我感覺到它們在互相撞

擊，直到，這麼說吧，它們形成一對對穩定的組合。到了隔天早上……[6]

無庸置疑地，有時候，我們的創造力會被聚斂性與擴散性的結合所激發，兩者合作無間。

繼蘇格拉底讚譽瘋狂詩人之後又過了兩千年，人們才開始強調混亂在大自然中所扮演的關鍵角色。而這項任務落到了德國物理學家克勞修斯（Rudolf Clausius）的肩上。克勞修斯在一八二二年出生於波美拉尼亞（Pomerania），一個由德國與波蘭分屬的地區。[7]在柏林大學接受教育的他，或許是受到虔誠的牧師父親所影響，也過著謹守道德與原則的生活。「他的主要人格特徵為誠懇與忠貞。」[8]當克勞修斯於一八八八年逝世時，他的兄弟羅伯特（Robert）如此形容他：「任何形式的浮誇皆與他的天性對立。」

克勞修斯跟愛因斯坦一樣是理論物理學家，換句話說，他的所有研究，包括他針對混亂的開創性研究，都是以紙筆達成的數學成就。克勞修斯一八五〇年關於混亂的偉大論文〈論熱的動力〉（On the Moving Force of Heat）是他在成為柏林皇家砲兵工程學院（Royal Artillery and Engineering School）物理學教授的同一年發表的。[9]在那篇論文中，克勞修斯表示，物理世界中的改變與「有序」至「無序」的必然動向有關。確實，如果沒有潛在的混亂，那宇宙中便沒有任何事物會產生改變，好比一排直立的骨牌將會一動也不動地站在原處，或是像把佛教的曼荼羅完成品鎖在銀行保險庫裡，躲過被納姆加爾寺的僧侶掃掉的結局。「熱」之所以會出現在克勞修斯的論文標題，是因為愈來愈混亂的狀態通常都跟熱由熱體轉移至冷體的動向相關，但其中的概念其實更加籠統。克勞修斯在後來的另一篇論文中，將確立了**熵**（*entrophy*）一詞，為衡量混亂的量化單位。這個詞來自希臘文的「ἐν」（en），意為「內」，以及「τροπή」（tropē），意為「轉變」。而跟世界上的轉變、移動、改變有關的，正是增加中的熵。愈來愈混亂，就是有愈來愈多的熵。克勞修斯的一八五〇年論文中的最後兩句話為：

一、宇宙中的能量是恆定的。

二、宇宙中的熵傾向趨近最大值。

秩序將無可避免地臣服於混亂，而熵會一直增加，直到它再也無法變得更多為止。推動世界的正是這個動向。乾淨的房間變得灰塵遍布、寺廟逐漸瓦解。隨著我們年紀漸增，骨質也會脆化。恆星最終皆會燃燒殆盡，其熱能將化為太空中的冰冷，但在變冷的同時，它們也為周遭的行星供應熱能與生命。我們正是如此仰賴著無止盡的、愈來愈混亂的狀態維生。

即使像時間的方向如此基礎的事物，皆是由「有序」至「無序」的動向所主宰（我在〈大霹靂之前發生了什麼？〉中也討論了這件事），因為在我們邁向未來的途中，萬物都會從有秩序的狀態變得混亂。有人可能會說，時間前進的方向本身**便是**愈來愈混亂的過程。確實，如果沒有這些改變的話，我們便無法分辨出這一刻與下一刻。我們就不會有時鐘，鳥就不會飛翔，葉子就不會在從樹上落下的過程中在空中翩翩翻轉，而我們也不會有所謂的吸氣與吐氣。宇宙就會永恆地成為一張靜止照片。

「混亂」也能用以回答這個深刻的問題：為什麼世界上**有東西**，而非**空無一物**？（這類問題總是讓物理學家和哲學家半夜睡不著覺。）為什麼會有任何形式的物質存在，而不單純只有能量呢？以科學的角度來看，這個問題跟「反粒子」的存在相關，那是人們在一九三一年預測、後來於一九三二年正式發現的。每一個次原子粒子，好比電子，都有一個反粒子雙胞胎手足，它跟原本的粒子長得一模一樣，只不過它的電荷及其他一些特定特質跟原本的粒子相反。我們會把它們稱為「粒子」和「反粒子」就只是一種習慣罷了，如同北極跟南極那樣。當兩者相遇時，粒子及其反粒子會將彼此消滅，徒留下純能量。

如果在宇宙的嬰兒時期裡存有等量的粒子和反粒子，就像人們想像中完全對稱的宇宙那般，那麼，萬物早在數十億年前便已消抹殆盡，只會剩下純能量。沒有恆星，沒有行星，沒有人類或任何其他實質的物質。所以，我們為什麼會在這裡呢？為什麼粒子沒有全部都跟它們的反粒子夥伴一起消失呢？

關於物理學家提出的這項難題，其答案於一九六四年浮出檯面。我們在非常精細的實驗中發現，粒子與反粒子並不具備**完全一樣**的行為模式。相反地，它們在和其他粒子互動的過程中，呈現輕微的不對稱性。[10]因此，當宇宙一誕生時，粒子及其反粒子就已經不是以等量的情況產生、摧毀彼此了。即便大量粒子與它們的反粒子互相消滅，仍然會留有一些粒子，如同學校舞會上多餘的男孩坐在旁邊的冷板凳那樣。那些剩餘的粒子，以及製造出它們的不對稱性，便是我們存在的原因。

混亂不只存在於事物如何自我組織的細枝末節裡，更深植於生命結構本身。在生物學中最著名的失序例子大概是基因的大洗牌，包括突變，以及由病毒或其他有機體所造成的基因轉移。具有生命的有機體透過這些隨機程序，嘗試了不同的身體建構，而若非如此，過去或許從來未曾出現過這些可能。屬於基因的俄羅斯輪盤並不是計畫好的，其結果也無法預先得知。但如果沒有這些過程，生物學就會受困於毫無彈性的少數設計藍圖之中。許多有機體便會無法順應環境條件的變化，並因此滅絕。

此外，混亂也透過另一個重要的途徑引起生物學的注意，也就是所謂的**擴散**（*diffusion*）過程。一團多塊狀的物質或能量，會藉由原子與分子的隨機碰撞而自動變得平整。你可以自己試著把一桶熱水倒至冷水缸中，就會發現了。首先，水缸裡會有一區熱水周遭被冷水包圍，但熱水很快便會與冷水混合，直到整缸水達到一致的溫度為止。這就是擴散。根據克勞修斯的說法，擴散並不會消耗任何能量，但卻會增加混亂（在這個例子中，指的是混合熱量），進而促使轉變與改變發生。若沒有隨機的分子碰撞，擴散作用就不會發生；熱水就會維持在水缸的其中一側，而冷水也會停留在另一側。

擴散是讓身體運輸維生物質的關鍵機制。舉氧氣為例，它是產生能量的必備氣體。我們每次吸氣時，都會在肺部內產生高濃度的氧氣，而鑲嵌在肺部內的小血管所含有的氧氣量相對較少。因此，這個讓我們維持生機的氣體就會從肺部「擴散」至血液中，並接著基於同樣的理由，由血液擴散至體內的各個個體細胞。這種具有方向性的移動起源於隨機碰撞，傾向將氧分子從高氧濃度位置輸送至低氧濃度位置。如果沒有這些隨機的敲敲撞撞，肺部內的氧氣就會一直困於肺部之中，而體內其他地方的細胞就會窒息而死。

不過，以上這些來自顯微範疇的例子，都無法解釋為什麼我們於心理上會同時受到有序與無序的吸引、同時讚揚表現得體之人與特立獨行之人，即使是克勞修斯對於熵的深刻解釋亦然。似乎有著什麼原始的東西，早在克勞修斯或蘇格拉底之前的遠古時代，便已刻印在我們的心靈深處。或許擁抱這些相反事物的行為，在過去那數百萬年的歷史當中，賦予了我們的祖先能夠順應的優勢。從演化的角度來看，秩序暗示著可預測性、模式、可重複性等特質，這些全都讓我們能夠做出良好預測。而預測相當有用，讓我們可以知道獵物何時會跑過森林，或是我們應該在什麼時候種下農作物。秩序對於我們生存的益處顯而易見。比較出乎意料的，或許是我們對於驚喜、機會及新奇的關注，也能夠賦予優勢。如果我們過度安逸於常規，便無法在事情發生變化時做出反應、無法在老虎突然出現在我們走過一千次的路徑上時躲過厄運。此外，我們可能也會因為害怕遠離熟悉的例行公事，而避免承擔風險。因此，我們同時對可預測及不可預測之事發展出渴望，其實相當合理。

假如樂於嘗鮮的行徑賦予我們的祖先生存優勢，那它或許也會出現在我們的基因之中。研究員最近發現一個基因變體（等位基因〔allele〕），稱為DRD4-7R，或者更吸睛一點，所謂的「冒險狂熱基因」（wanderlust gene）。[11]它出現在大約百分之二十的人身上，似乎跟喜愛探索與冒險的嗜好有關。我們會希望群體中多數人都待在家裡、遵循常規、愛家，這是很合理的事。但我們也需要一些人勇於踏上充滿冒險的長征，以尋找新獵場與預期之外的機會。「我們有證據顯示，跟尋求新鮮感與衝動等人格特質相關的同一個等位基因，也跟在財務情境中傾向冒險的作風有關。」DRD4-7R的一位主要研究員、新加坡國立大學的心理學教授艾伯斯坦（Richard Paul Ebstein）表示：「擁有那個等位基因的人似乎比較敢於冒險。」[12]其他生物學家則適切地指出，任一單一基因不太可能有辦法控制像冒險或尋求新鮮等特質，但一整組一起運作的基因或許可以辦到。

由於秩序與混亂兩者皆已獲證實對人類有利，那麼，以下這個傾向便值得我們來重新審視一番：至少在西方世界裡，我們總喜歡依據自己預設的價值等級、未闡明的個人偏好，來將一切畫分為兩個極端，例如生產力與惰性、理性與非理性、熱與冷、平順與粗糙、白色與黑色。或許，我們應該相反地以有用的平衡來審視這些對比。

長久以來，華人素以古代儒家的陰陽觀念來理解這個想法：萬物皆以不可分割卻又互相矛盾的對立姿態存在。「陰」與女性、黑暗、北方、衰老、柔軟、冰冷有關，而「陽」則與男性、明亮、南方、年輕、堅硬、溫暖相關。陰與陽的符號是兩股纏繞在一起的漩渦，一黑一白、大小相等，且各自包含一個小點，是對方的顏色。該圖樣意味著兩者和諧共存，沒有任一方主宰另一方。而與此同時，典型的西方思想總試圖將這個令人困惑的世界簡化、將萬物一分為二。這種作法在短期之內或許可行——直到我們更仔細地去檢視，然後發現潛伏於表層之下的真正複雜性為止。如果我們最終能夠站上更高處，我們將再次找到簡單與和諧。宇宙唱著秩序，同時也唱著混亂。而我們人類尋求可預測性，同時也渴望新鮮事物。如同儒家所說的，擁抱這些必要的矛盾吧。說不定帕斯卡的虛無與無限也是陰陽平衡中的一環。

我的今天快要結束了，我正聽著布魯克納（Anton Bruckner）的《第九號交響曲》（*Ninth Symphony*）。[13]這位奧地利作曲家是在一八八七年開始編寫這首曲子的，開場部分不斷地揭開各式主題，到了第二樂章〈詼諧曲〉時，氛圍變得不祥，就像有人隱藏著一些黑暗的祕密似的。不過，我發現自己對於第三樂章〈慢板〉的某個段落特別著迷。在弦樂器所演奏的和諧旋律餘音繞樑之後（它們或許在允諾要揭開那個黑暗祕密吧），音樂開始變得愈來愈不和諧、愈來愈大聲，最後我們聽到法國號有如雷劈的一聲巨響，尖銳而刺耳，然後更多嘈雜聲跟著湧入，有如浪潮拍打著海岸一般。接著出現一刻寧靜，然後弦樂器再度升起，安靜而抒情。就這樣，優美的旋律與刺耳的聲響不斷交替，一直延續至樂章的尾聲。我在想，假如沒有不和諧的段落與之並行，這首曲子的和諧段落是否還會如此優美？明亮與黑暗、平順與粗糙、有序與看似混亂的呈現——而當然，布魯克納本身也跟我們所有人一樣，是個偶然發生的事件，是細胞隨機碰撞、於是在這個不可能的宇宙中所產生的不可能的生命。

注釋

1 見 https://www.youtube.com/watch?v=dORgAH1qDF8。

2 E. H. Gombrich, *The Sense of Order*, 2nd ed. (London: Phaidon, 1984), p. 9.

3 阿基米德浮體原理見 *The Works of Archimedes*, edited by T. L. Heath (New York: Dover, 2002), p. 253。另見 https://en.wikipedia.org/wiki/On_Floating_Bodies。亦見 https://www.stmarys-ca.edu/sites/default/files/attachments/files/On_Floating_Bodies.pdf。

4 關於蘇格拉底的外貌，見 Plato, *Theaetetus* 143e, and *Symposium* 215a–c, 216c–d, 221d–e; Xenophon, *Symposium* 4.19, 5.5–7; Aristophanes, *Clouds* 362。

5 *The Dialogues of Plato*, vol. 7, trans. Benjamin Jowett (Chicago: Britannica Great Books, 1987), p. 124.

6 Henri Poincaré, *The Foundations of Science*, trans. George Bruce Halsted (New York: Science Press, 1913), p. 387.

7 在克勞修斯於 *Complete Dictionary of Scientific Biography*, 26 vols. (New York: Charles Scribner's Sons) 的條目以及下一個注釋的參考書籍裡，可以找到許多關於他生平的資訊。

8 “Obituary Notices” of the *Proceedings of the Royal Society of London*, vol. 48.

9 克勞修斯一八五〇年論文〈論熱的動力〉的英譯本，見 *A Source Book in Physics*, trans. William Francis Magie (Cambridge, MA: Harvard University Press, 1969), pp. 228–36。該文的德文標題，以及「Wärme」這個詞皆見此處。

10 我在這裡指的是種叫做「物理的ＣＰ破壞」（CP violation in physics）的東西。你可以在許多地方讀到這個現象，包括它如何造成粒子與反粒子的失衡：https://en.wikipedia.org/wiki/CP_violation。

11 例如見 Gavin Haines, “The ‘Wanderlust Gene’—Is It Real and Do You Have It?” *The Telegraph*, August 3, 2017。

12 見 ibid.。艾伯斯坦的原始研究論文之一為 R. P. Ebstein et al., “Dopamine D4 Receptor (D4DR) Exon III Polymorphism Associated with the Human Personality Trait of Novelty Seeking,” *Nature Genetics* 12 (1996): 78–80, doi: 10.1038/ng0196-78。

13 你可以在許多網站找到布魯克納的《第九號交響曲》，例如 https://www.youtube.com/watch?v=M4IUfuNV12c。

奇蹟，或唯物論者的靈性

「摩西向海伸杖，耶和華便用大東風，使海水一夜退去，水便分開，海就成了乾地。以色列人下海中走乾地，水在他們的左右作了牆垣。」

這一段來自〈出埃及記〉的文字描述了《聖經》中數一數二聞名的奇蹟。不論是在事件之前或之後，地球上從來沒有任何一處海域被風吹出一條通道，讓人得以通行。以科學的角度來說，如果想達到這個效果，必須要有持續不斷、**具備高度方向性**的風柱以龍捲風的威力才行；即便是龍捲風，也只能在一個二十世紀的人造風洞中引起小規模的效果。但分紅海事件發生在三千年前，那是由摩西與耶和華下達指令而完成的，是一個「奇蹟」，與自然的行為相違背，甚至超乎自然，堪為「超自然」事件，除了神的介入之外，無法加以解釋。

一項二〇一三年的哈里斯民意調查（Harris poll）發現，在參與調查的美國人當中，有百分之七十四的人相信上帝，並且有百分之七十二的人相信奇蹟。[1]奇蹟通常跟神或其他神靈相關，而且不只會發生在猶太教和基督宗教裡，在世界上所有主要宗教裡都會發生。在伊斯蘭教裡，穆罕默德將月亮分為兩半；在印度教裡，當聖人奈安涅希瓦（Saint Jnanadeva）得知自己沒有資格傳誦《吠陀》（*Vedas*）時，他將手放在一隻水牛身上，轉由水牛代為朗誦《吠陀》經文。此外，多數的佛教徒相信，所有生物都會經歷死亡與重生的輪迴，並在途中通過各種非物理領域，再以新的身軀重新出現。

就定義而言，奇蹟落於科學的範疇之外。奇蹟與物理世界的理性圖像互不相容。不過，在我們這個高度強調科學與科技的社會裡，即使大多數的人都能從手機、汽車等科學的產物中獲取龐大利益，但也有很大一部分的人相信著奇蹟——我們多數人並不會去思考其中的矛盾性。我有一個阿姨堅稱，她已故的父親每隔幾個月就會來她家拜訪她、跟她聊天。她甚至準備了一台錄音機，也是一種科學裝置，來記錄他的聲音。（其後，那個鬼魂就不再來訪了。）

奇蹟來自想像、夢境與欲望的世界；科學來自務實、邏輯與有序控制的世界。我們有辦法同時活在這兩個明顯對立的世界裡，這件事總是讓我相當驚豔。很顯然地，這兩個世界都反映出某些深植在我們之中的必要層面。

雖然在人類歷史中，奇蹟似乎已經這樣違抗著自然很久了，但我們想要將自然編碼歸納、將其特性尊奉為所謂自然法則的渴望，同樣也行之已久。自然法則通常是以數學的形式來表述。在科學史上的首要範例為牛頓的萬有引力定律：當兩個物體當中有一者的質量變為兩倍時，兩者之間的引力強度也會變為兩倍，而當兩者之間的距離減半時，引力強度則會增加四倍（以數學式表示，即為$F = Gm_1m_2 / d^2$）。這是牛頓導出來解釋行星軌道的規則，能夠用來預測物體在宇宙中的任一個位置將如何透過共同引力對彼此產生影響。我們可以將牛頓的定律這樣運用：由於月球的體積與質量分別約為地球的四分之一及一百分之一，所以你在月球上所量得的體重大約會是在地球上量得的六分之一。（我在減肥書上從沒看過這個冷知識。）

你可以自已試試另一個例子：將一個砝碼從四英尺高的位置丟到地上，同時計算其墜落所需的時間，那你大概會得到〇．五秒左右。如果從八英尺高的位置丟下，你大概會得到〇．七秒；從十六英尺高的位置，大概是一秒。等你多嘗試了幾次從不同高度位置重複執行這個動作之後，你會發現，每當高度變成原本的四倍，所需的時間就會變成整整兩倍。以上就是伽利略於十七世紀時發現的規則（數學式為$t=$常數$\times\sqrt{h}$）。有了這個規則之後，你便能預測從任何高度落下的時間。現在，你親眼目睹並親自體驗了自然的規律。

為什麼大自然應該要有規律呢？你應該可以想像，一個宇宙如果沒有任何理由或規律，事件隨機發生，那會變成怎樣。手推車可能會突然飄到空中；白晝可能會在任意的時刻變成黑夜，然後再變回白晝。當然，科學家在這樣的宇宙裡就沒有搞頭了。不只是科學家必須仰賴自然的規律與邏輯，事實上，多數科學家認為，一個沒有理性、不符合數學原理的宇宙是不可能會存在的。無庸置疑地，自然的規律性，特別還有我們找出這些規律（從阿基米德，到牛頓，再到愛因斯坦）的能力，都為我們人類帶來一股力量、一種舒適感與安全感，以及一種控制感。

除了科學家的個人願望，自然具備規則的這個概念也已獲證實非常實用。有規律、可預測的四季輪替使農業得以發展；物質恆定的特性使工業得以發展；T細胞及其他抗體暴露於牛痘病毒時，能夠重複製造，促使人類史上數一數二強大的殺手天花得到杜絕。

而在這些實際運用之外，科學也因此能夠解釋並且高度準確地預測較不尋常的自然行為。舉例來說，比起牛頓於十七世紀發表的萬有引力定律所計算出來的結果，水星軌道事實上稍微旋轉得更多一些。每世紀〇．〇一二度的微小誤差，後來藉由愛因斯坦的現代重力理論廣義相對論成功得出。

最後，科學家及絕大多數人現在都相信人類有辦法發現這些定律，但這份信念可不是一直以來都存在的。過去在長達好幾世紀的時間裡，人們認為這些不同形式的知識，包括自然運作相關的知識，都只屬於神的範疇，超出人類可以理解的極限。這個觀點受到現代科學的高度成就所挑戰，不管信神與否。就某方面而言，因為我們人類本身的進取心而在科學上獲得的成就，賦予了我們宣稱自然具備規律的權力。

上述這些進展一步步導向所謂的科學中心法則（Central Doctrine of Science）：物理宇宙中的所有性質與世界皆由定律所支配，而那些定律在物理宇宙中的任一時間、任一地點皆為恆真。不過，科學家並沒有很明確地針對這個原則進行討論，就只是單純地預設了這項事實。我在讀物理學研究所時，我的論文指導老師從來沒有提過這項原則，但不論是他自己的研究裡，或是他給予學生的指導內容中，在在都暗示著這件事。我剛開始以物理學家身分所提出的其中一個研究問題，是關於非常高溫氣體於星系中央的行為。如果氣體夠熱的話，這股巨大的熱能就能製造出電子及其反粒子。我在早期總得先寫下控制能量製造物質的方程式，也就是愛因斯坦有名的 $E = mc^2$，它也在地球上許多實驗室中獲得確認。我在計算的過程中，從來沒有質疑過同樣的方程式究竟能不能套用在幾百萬光年以外的遙遠星系上。

哲學家之間辯論著「自然法則」究竟單純只是自然的**敘述**，抑或是自然的**必備條件**；後者指的是自然務必遵守這些規則，絕無例外。根據科學中心法則及多數科學家的觀點，法則屬於必備條件。

隨著時間的推演，人類對於自然的理解已逐漸演變出複雜的概念。地球上的所有文化皆有大地之母（Mother Nature），在古代希臘是蓋婭（Gaia），在古代羅馬是泰拉（Terra Mater），在古代美索不達米亞為寧松（Ninsun），在印度為佳雅特麗（Gayatri），在泰國為帕媚托拉尼（Phra Mae Thorani），而毛利人則稱她為帕帕圖阿努庫（Papatuanuku）。大自然在古時候被人格化時，可能是生氣、充滿怨念的形象，可能是充滿關愛的，也可能是冷漠的。如今，許多宗教傳統仍持續將自然與各式神祇加以連結，像是印度教的三・三億尊神祇便遍布於自然的各個角落。想當然耳，這些神祇並不會受到科學所發現的規則或其他任何規則所限制。在這種世界觀裡，理性與非理性、可預測與不可預測、平凡與奇蹟之間的界線顯得曖昧不明。

但即使是在猶太教與基督宗教的信仰及傳統之中，那些界限也是模糊的，不然要怎麼解釋超過三分之二的美國大眾相信奇蹟，但同時，他們每次在高速公路上以時速六十英里開車時，都因為信任科學而轉動方向盤進行微調呢？如此顯而易見的矛盾與曖昧究竟是怎麼發生的，又為何會發生呢？我自己身為一個同時棲居在科學的領土（物理學家）與藝術的領土（小說家）之上的人，想提出一個想法。

只有與自然的非奇蹟、平凡、正常行為形成對比，奇蹟才會變得有意義。在我們的現代世界裡，我們有控溫建築、柏油高速公路、人工草坪，還有讓我們可以跟身處幾千英里外的朋友的影像說話的電腦與iPhone，而大多數的人似乎對於什麼是「自然」、什麼是「非自然」，都只有模糊的概念。事實上，我們很少在沒有人工裝置作為中介的情況下去觀察自然世界。即使是在科學領域中，天文學家也不再透過望遠鏡的視窗直接觀看星空了，而是在電腦螢幕上盯著那些被蒐集在一種稱為CCD（電荷耦合元件）的數位裝置上的影像。

近年來，因為環保運動的緣故，我們對於自然的意識已經稍有抬頭。高爾（Al Gore）在《瀕危的地球》（*Earth in the Balance*）中寫道：「我們與地球之間的不和諧關係，部分源自於我們成癮於消費地球大量且無上限的資源，而現在，這種失調正以一連串危機的樣貌呈現，每一次都在我們的文明與自然世界之間造成毀滅性的撞擊，而且一次比一次更嚴重。」[2]但就算有了環保意識，它對於人類與自然之間的脫節也無法帶來太大的改變。我們大多數人依然住在都市裡，看不到布滿星星的深色夜空；我們大多數人仍會在冬天讓室內變得溫暖、在夏天使屋內降溫，將自己隔絕於季節的嬗遞之外。

不過，就我看來，關於我們能夠在腦袋裡同時相信奇蹟與非奇蹟這件事，應該有更能令人信服的解釋。不論我們自己有沒有意識到，許多人都相信在物理宇宙之外，同時也有某種靈性宇宙的存在。如此一來，奇蹟就會涉及到這兩種不同形式的存在之間的互動了。

且讓我說明一下這種區分方式的兩個例外情況。首先是斯賓諾沙（Baruch Spinoza）於十七世紀推廣的哲學思想泛神論（pantheism）。他們並沒有將物理與靈性宇宙加以區分，世界上只有單一一個宇宙。自然中充滿了神靈，自然沒有界限，自然就是一切。在這樣的情況下，關於自然所謂的科學定律便只有描述到自然的其中一個層面，而在另一個層面裡，也就是靈性層面裡，事件會以科學無法描述、無法預測的方式發生。另一個例外是自然神論（deism），他們認為這兩個宇宙是截然不同的，但上帝不會在物理宇宙中採取任何行動。兩者之間沒有交集；上帝啟動物理宇宙之後，就只坐在一旁觀看了。因此，在自然神論當中，並無法產生奇蹟。這種論述在啟蒙時期大受歡迎，為人們提供了一種方法，於宗教信仰與現代科學的興起之間取得調和。

比較具有挑戰性的世界觀，是當靈性及物理宇宙互相獨立，但時不時又以奇蹟的形式互相牽涉，打破了以定律為基礎的存在界線。在這種觀點裡，靈性宇宙內的生物與事件有時會跨界，出現在物理宇宙中。有名的例子包括紅海一分為二、耶穌基督復活，以及穆罕默德將月亮切半等事件。而在比較世俗平凡的層級上，我們許多人大概都在日常生活中體驗過「小」奇蹟，像是前生記憶、預知的事件後來真實發生，或是進入超空間而消失的襪子。

就連一些科學家也相信這種跨界現象。哈佛大學的天文學及科學史榮譽教授金格里奇（Owen Gingerich）跟我說：「我相信，我們的物理宇宙其實是包覆在一個更大、更深的靈性宇宙之中，在那裡奇蹟會發生。如果沒有一個大體上像是有著規律的宇宙存在的話，我們會無法事先規劃或做下任何決定。雖然這個世界的科學圖像確實很重要，但它無法套用到所有事件上。」[3]我預估，大約有百分之三至五的科學家跟金格里奇的觀點一樣。這些科學家顯然是少數，他們相信，科學與自然的規律性在**大多**時候是真的，但上帝三不五時會介入一下物理世界，做出科學無法分析的舉動。

要我來說的話，人們之所以會相信靈性宇宙，很大程度上是源自於人類對於追求**意義**的渴望，包括我們個人生命中的意義，以及宇宙整體上的意義。儘管科學能夠提供秩序、理性及控制等心理上的慰藉，但並沒有提供意義。好比「我為什麼會在這裡？」、「我的人生目標是什麼？」、「我所身處的這個奇怪宇宙的意義為何？」等深刻的哲學問題，以及「在戰時謀殺敵軍士兵是對的嗎？」跟「為了養活家人而偷竊是對的嗎？」等道德問題，皆無法由科學來回答，但這些問題對於我們的精神與情感生活而言卻又至關重要。於是，我們轉向靈性宇宙來尋求這些問題的答案。這個領域包含了永恆的真理與引導；相較於我們有限、短暫的生命，這個領域擁有某種永久的存在。在這樣的領域裡，甚至不存在邏輯、理性與規律這些詞彙。

靈性宇宙裡可能有上帝，也可能沒有，不過，它通常都跟宗教有關。哈佛的哲學家兼心理學家詹姆斯（William James）在他一九〇二年的經典著作《宗教經驗之種種：人性的探究》（*The Varieties of Religious Experience: A Study in Human Nature*）裡以最廣義的角度將宗教歸納為「具備無形秩序的信念；其中，我們的至善和諧共存，並將我們自身朝著該方向調整」。[4] 詹姆斯的宗教概念裡的「秩序」有助於提供意義。由於我們在人類世界中看到的事件多為混亂不堪、無法以理性思考去理解的，上述的「秩序」必定得是無形的。而這份假設中的秩序提供了慰藉與安全，認為宇宙中蘊含著某種目的。這份秩序來自於物理宇宙之外——它來自於靈性宇宙。矛盾的是，相信這種說法的人認為，這份無形的秩序有時候會選擇違背自然的有序規律、製造奇蹟。

我承認，我自己並不相信奇蹟。我有時候也很好奇，自己怎麼會如此堅決地不相信奇蹟，甚至從很年輕的時候就這樣呢？我想，形塑這種態度的部分原因，在於我向自己很滿意地闡釋了物理世界是個有規則的地方。我記得大概在十二或十三歲的時候，我手上有許多科學計畫。我將釣魚鉛錘綁在繩子的一端，開始製作擺錘。我做了不同長度的擺錘，並以計時器來測量它們的擺動時間。我在《科學大眾》（*Popular Science*）或某本書裡讀到，擺錘週期（擺錘完成一個完整擺動的時間）跟線的長度開根號成正比。我親自驗證了那道公式，然後甚至在我還沒製作出新的擺錘之前，就用它來預測新擺錘的週期。當時我想：這道簡單的公式可以這樣一直、一直重複使用，不管是在我家、我朋友家或任何地方都行，多麼奇妙啊！相較於我的兄弟、我的父母的那些各種不規則起伏及不可預測的行為，自然是如此可靠。

此外，在物理宇宙之外還存有另一種實在，而且它可以隨心所欲地進入我們的時空裡，這種想法在我看來可能性極低。很簡單，我就是沒看過任何可以證明這種事的證據啊。我們大家都必須基於自己的經驗、自己信任的人，理出自己對於世界的看法。關於這件事，我向來堅信奧坎剃刀法則（Occam's razor）。在各種爭相解釋事件的假設當中，我選擇當中最簡單的，它最不需要假定各種臆測，除非哪天有人證明了這項假說是錯誤的。如果物理宇宙中的事件可以透過自然法則加以解釋，那為什麼要去借助超乎自然的東西？在我的理解中，紅海分開的事件及人們所說的其他奇蹟，都沒有被真正記載、確認過。而且，它們牴觸了我所接受的實在：那是我經過無數次或大或小、與自然接觸的個人經驗，包括童年所做的實驗、我的物理學研究，一直到我在這個世界中所經歷的日常生活等……所得出的實在。

說了這麼多，到頭來，我還是覺得自己是一個具備靈性的人。我這裡所說的靈性，指的是我相信那些比我更龐大的東西、欣賞美麗的事物，並謹守特定的道德行為規則，例如黃金律（Golden Rule）。相信奇蹟並不是「靈性」的必要條件。

我和我妻子會在緬因州的一座小島上度過夏天，遠離任何城鎮。那裡的天空在晚上滿黑的。有時候，如果沒有海風吹拂、潮汐平緩、海面非常平靜的話，我可以在水面上看見星星的倒影。在那樣的時刻裡，大海看起來就像一塊綴有上百萬顆小亮點的漆黑地毯，而那些小亮點就這樣隨著每一道波浪輕輕地起伏、晃動。即使我熟知其背後的所有科學，我仍然深深著迷於這一切，為之驚豔。對我而言，這就已經足以稱為奇蹟了。

注釋

1 https://theharrispoll.com/new-york-n-y-december-16-2013-a-new-harris-poll-finds-that-while-a-strong-majority-74-of-u-s-adults-do-believe-in-god-this-belief-is-in-decline-when-compared-to-previous-years-as-just-over/.

2 Al Gore, *Earth in the Balance* (Boston: Houghton Mifflin, 1992), p. 223.

3 金格里奇對我說的話，二〇一一年七月七日。

4 William James, *Varieties of Religious Experience* (1902)。見 Lecture 2, BiblioBazaar edition (2007), p. 60。

我們在大自然中的孤獨家園

在二〇一四年摧毀阿肯色州與其他數州的龍捲風，將人們的家園變成如火柴棒般脆弱，造成數十人死亡。還有同一年在華盛頓州的死亡山崩，也再度展演了大自然難以想像的威力。當然，我們之前也見過這樣的事。二〇〇四年發生於印度洋的地震與海嘯，在印尼與其他國家奪走超過二十五萬人的性命；二〇〇五年的卡崔娜颶風使至少一千八百人喪命，並毀損了價值將近一千億美元的財產；二〇一一年發生在日本的海嘯淹殺了超過一萬八千條人命。而當然，在二〇二〇年五月、我在修訂這篇文章的當下，新型冠狀病毒正緊緊掐著世界不放。

每次這些災難發生之後，我們都會為那些失去生命的人感到悲傷，包括那些原本好好地睡在床上、在崗位上工作或坐在辦公桌邊，卻就這樣溺斃、被壓垮或受到感染的無辜者。對於那些沒有預見災難即將發生的科學家與決策者，又或者已經有人事先提出警告了，但他們卻沒有成功保護我們，我們感到憤怒。但除了悲傷和憤怒之外，我們還有一種更微妙的情緒——我們感到被背叛了。我們覺得自己被自然背叛。我們難道不是自然的一部分嗎？生於自然，仰賴自然所提供的糧食維生，由於自然中的太陽而維持溫暖？我們難道不享受在草地上漫步、打赤腳坐在大海的邊緣嗎？我們跟愛默生與華滋華斯（William Wordsworth）滿懷愛意所描述的風、水、土之間難道沒有深層的靈性連結嗎？或是透納（John Turner）與康斯特勃（J. M. W. Constable）所描繪的祥和、壯闊景致？大地之母怎能這樣對我們？我們可是她的孩子啊？

不過，儘管我們對自然有強烈的親屬感與一體感，所有證據在在都顯示自然一點也不在乎我們。龍捲風、颶風、水災、地震、火山爆發、疫情所發生的時間與地點，完全沒有在管當下的人類居民。

我還記得自己第一次體會到自然的非理性力量的經驗。當時，我和妻子租了一艘小帆船，在希臘群島度假兩週。我們從比雷埃夫斯（Piraeus）出發，往南行駛並在距離海岸約三或四英里的位置停下。在那裡，我們可以透過望遠鏡清楚地看見陸地上閃閃發光的房屋、建築物的片段。接著，我們越過蘇尼翁角（Cape Sounion），再轉往西向朝著伊茲拉島（Hydra）前進。幾個小時過後，陸地與其他所有船隻都消失得無影無蹤。我們環視四周，眼前所見的只有大海朝向四面八方不斷、不斷地延伸，直到海平面與天空接壤為止。我一開始感到無比雀躍，但我的心情後來轉為恐懼，因為愛琴海在夏季飽受一種稱為「美爾丹風」（meltemi）的強烈乾燥季風所擾，它可能會在晴空萬里、毫無預警的情況下突然出現，幾分鐘內就隨即帶來狂風巨浪。換句話說，水牆和大風隨時都可能從海平面上湧起，衝翻船隻，將我和妻子淹沒。我瞭解到，我們根本沒有任何富有同情心的監護者或是「海洋意識」來幫我們避免這件事的發生；對這一大片廣闊的水域而言，我和妻子只不過又是另一些漂流碎渣或船隻投棄物。而且我還記得，我之前認識的一個人某天在阿拉斯加的海岸邊散步，然後就突然被碎浪捲走了。

我相信，我們從自然中獲得的舒適感只是一種幻象。確實，我們是自然的一部分，但自然在乎我們嗎？在地球上，即使是我們比較熟悉的地震和暴風雨，我們對於自然的能耐與力量根本毫無概念。而在宇宙中的其他許多地方，其溫度、大氣與重力條件更是比地球來得極端許多，對生命相當不友善。舉例來說，水星上的溫度是華氏八百度、海王星上是華氏負三百二十八度，而天王星上的風速超過每小時五百英里。另外還有已經死亡的恆星，它們的密度大到一便士硬幣放在地表上可以重達十萬噸以上。我們在過去這十年來已經在太陽系之外發現超過一千顆行星了，其中許多行星的環境都跟地球大相徑庭。某個世界顯然完全被水體包覆，由厚重的蒸汽組成大氣，而另一個世界僅在短短九小時內，就完成繞行中心恆星的週期（它的一年比地球的一天還要短）。

在不斷被人類重新編碼詮釋的歷史中，人類對於自然的觀點向來互相矛盾。古時候，我們為自然元素創造出令人敬畏、恐懼的神祇，像是巴比倫—亞述文明中的的風暴神阿達德（Adad），祂為農作物帶來降雨，但同時也在陸地與海面上造成破壞與死亡；火神伏爾甘（Vulcan）既能創造也能摧毀，有時候人們會求助祂來消滅自己的敵人。在中國的思想中，尤其是道家思想，我們最好遵循自然節奏的流動，以達成道德與身體的健康。我們在某些神話裡與自然顯得非常親近，經常被轉化成其他動物，甚至是無生命體。好比在阿茲特克的神話當中，波波卡特佩特（Popocatépetl）與伊斯塔西瓦爾特（Iztaccíhuatl）兩座火山原本是一對人類愛侶，後來被神變成了山。從另一個角度來看，自然也一直被賦予人類的特質。華滋華斯曾寫道：「自然從未背叛那些愛著她的心。」大地之母在地球上的所有文化裡滋養、安慰著我們。到了二十與二十一世紀，有些環保主義者也主張道，整個地球就是一個單一的生態系統、一個名為蓋婭的「超有機體」。

但我想要說的是，我們一直都在欺騙自己。事實上，自然是**無心智的**。自然既非朋友、也非仇敵，既無惡意、亦無善意。

自然並沒有任何目的，自然就只是自然。我們或許會覺得自然很美或很糟糕，但這些感受都只是人類建構出來的東西。身為擁有心智的生物，我們很難去接受這種全然而極致的無心智狀態。我們覺得自己跟自然有如此強烈的連結，但我們與自然的這段關係只是單向的，在牆的另一端不存有任何在意，毫無相互性。自然的這種無心智，再加上它那強大無比的力量，正是我在希臘的帆船上如此畏懼的原因。

聯合國政府間氣候變化專門委員會（United Nations Intergovernmental Panel on Climate Change）於二〇一四年發表的報告，記錄了人造溫室氣體與全球暖化目前所造成的破壞、天氣模式的改變、海平面上升、乾旱、風暴，以及這些現象對於人類棲地與農業的影響。[1] 面對這份報告，我們不應該去想該如何保護地球。自然所能承受的，遠比我們能夠為它所帶來的影響多出許多，而且它根本不在乎智人（*Homo sapiens*）在接下來的一百年內究竟是死是活。我們應該考量的是該如何保護自己，因為只有我們自己能夠保護自己。

注釋

1 https://www.ipcc.ch/report/ar5/wg2/.

生命特別嗎？

一架透過煤油與液態氧發動、載著科學天文台的火箭，於二〇〇九年三月六日晚間十點四十九分（根據當地的日曆與時鐘計算）發射進入太空。發射地點是在一個G型恆星往外數的第三顆行星上，該G型恆星距離一個名為「銀河」的星系中心兩萬五千光年遠。在發射的當晚，天空清澈、無風無雨，氣溫為絕對溫度兩百九十二度。火箭發射時，當地的有智慧生物紛紛歡呼，之後，負責那艘太空船的政府機關國家航空暨太空總署（National Aeronautics and Space Administration）在全球的電腦網路上寫道：「我們的團隊很高興能在這件對人類極富意義的事件上貢獻己力——克卜勒號（Kepler）將幫助我們瞭解地球是否獨一無二，抑或是太空中仍有其他相似的行星存在。」[1]

以上這段敘述，可能是由某個住在克卜勒號所尋找的那種遙遠行星上的有智慧生物所寫下的。這座以文藝復興時期天文學家克卜勒（Johannes Kepler）為名的天文台，是特別設計來尋找太陽系以外的「可居住」行星的——它們不能跟中心恆星靠得太近，不然水會沸騰、蒸發殆盡，但也不能離得太遠，否則水會結凍。多數生物學家認為液態水是生命的先決條件，即使是跟地球上的生命截然不同的形式亦是如此。克卜勒號在我們的星系中調查了大約十五萬個類似太陽的恆星系統，並發現超過一千顆系外行星。雖然克卜勒號的衛星於二〇一三年已經停止運作，但它所儲存的大量資料仍在持續進行分析中。數世紀以來，我們人類不斷推測著生命存在、普及於宇宙其他角落的可能性。現在，我們可以開始回答這個深層問題了，可說是史上頭一遭。

截至目前為止，我們可以從克卜勒任務的調查結果推斷，總計大約有百分之十的恆星系統內存在一顆可居住的行星。這個比例很高。光是在我們的星系內就有一千億顆恆星，再加上其他許多星系，這樣一來，宇宙中還有許多、許多其他擁有生命的太陽系的可能性就非常高了。若就這個觀點而論，生命在宇宙中可說是相當常見。

然而，還有另外一個更宏觀的觀點，使生命在宇宙中顯得稀有。該觀點將**所有**形式的物質皆納入考量，同時囊括了生命與無生命的物質。即使所有「可居住」的行星（根據克卜勒任務的定義）確實都擁有生命，但在宇宙中的所有物質當中，具備生命形式的部分仍然只占極小的比例。假設地球上具備生命形式的部分，亦即生物圈（biosphere），也能套用至其他擁有生命的行星上的話，據我估計，在所有存在於宇宙的物質當中，具備生命形式的部分約為十的十八次方分之一。這個比例有多麼小，你可以這樣想像一下：如果戈壁沙漠代表所有散落在宇宙各處的物質，那麼，生命體只會是沙漠中的幾粒沙。[2]我們該如何去思考生命如此極致的稀有性？

如同我在前面章節提過的，自古至今，我們多數人都覺得自己與其他生命形式帶有某種非物質性的特別元素，那是其他非生命體所缺乏的，遵循著不同的原則。公元前八年，埃及皇家官員庫特姆瓦（Kuttamuwa）建立了一座八百磅重的紀念碑來裝載他的永生靈魂。他告訴他的朋友，在他的生理軀殼崩壞之後，他們要到那裡舉辦盛宴，以紀念進入死後生命的他。十一世紀的波斯博學家阿維森納（Avicenna）論道，即使我們跟一切外部感官資訊斷聯，依然能夠思考與自我覺察，因此，在我們體內一定存有某種非物質性的靈魂。以上這些都是「生機論」的想法。

現代生物學已向生機論理論提出挑戰。一八二八年，德國化學家烏勒（Friedrich Wöhler）從無機化學物質中合成出有機物質尿素。尿素存在於許多擁有生命的有機物體內，是新陳代謝的副產物，但在烏勒的研究成功之前，人們相信尿素只跟有生命體有關聯。後來，德國生理學家盧伯納（Max Rubner）在同一個世紀內向世人展示，人類在運動、呼吸及其他形式的活動中所使用的能量，恰等同於我們所吃的食物中含有的能量。換句話說，並沒有任何隱藏的非物質能量來源在供應我們能量。近幾年，蛋白質、荷爾蒙、腦細胞和基因都紛紛被拆解成個別原子了，完全不需要訴諸任何非物質性的東西。

不過，美國的大眾調查顯示，四分之三的人相信某種死後的生命形式。[3]確實，這種信念也是某種版本的生機論。如果我們的身體和大腦只不過是物質性的原子，那麼，正如盧克萊修於兩千年前所寫道的，當那些原子在死後消散時，原本存在的有生命體便不復存在了。

矛盾的是，如果我們不再相信我們的身體與大腦載有某種超驗的非物質元素，如果我們可以接受自己徹頭徹尾的物質本質，那麼，我們便能達到一種新的特殊性，取代生機論所說的特殊性。我們是特殊的物質，但我們之所以特殊，並不是因為我們的原子跟岩石裡、水裡的原子不同，也不是因為我們體內擁有非物質性的元素，而是因為我們的原子以一種特別的方式排列，進而創造出生命與意識。我們人類在我們的行星上緊抓著我們生命的短暫性及終有一死的限制不放，卻不常思考光是活著就有多麼地不可能。在宇宙裡的無限個原子與分子當中，我們竟有這樣的榮幸，能夠由如此這般稀少的原子以能夠製造生命的特別排列方式構成。我們存在於那十的十八次方分之一當中。我們就是整片沙漠當中的那一粒沙。

貝克特（Samuel Beckett）的《等待果陀》（*Waiting for Godot*）於沒有時間、沒有空間的極簡舞台上演出，劇中的兩位流浪漢無止境地等待著神祕的果陀，以「存在」的意義讓我們感到費解。愛斯特拉岡（Estragon）問：「我們昨天做了什麼？」弗拉第米爾（Vladimir）問：「我們昨天做了什麼？」愛斯特拉岡說：「對。」弗拉第米爾問：「有什麼好問的……（生氣貌）當你在場時，沒有任何事是確定的。」想當然耳，有些問題並沒有答案。

但如果我們能夠成功跳脫平常的思考方式，如果我們可以應對宇宙那種讓人無比費解的觀點，那就還有另一種方式來思索「存在」。我們不只是有生命體，更是有意識體，而在這般得天獨厚的定位上，我們是宇宙中的「觀察者」。我們獨一無二地能夠自我覺察，並意識到我們周遭的宇宙。我們可以觀看、記錄，我們是宇宙唯一能夠賴以評論自身的機制。其餘的，沙漠中的所有其他沙粒，都是愚蠢的無生命體。

當然，宇宙不需要評論自己。一個沒有任何有生命體存在的宇宙，也能毫無障礙地運作，無心地遵循著能量守恆、因果原則，以及其他物理學與生物學的定律。宇宙完全不需要有心智或有生命體。（確實，在最近許多物理學家所背書的「多重宇宙」（multiverse）理論中，絕大多數的宇宙完全沒有任何生命存在。）但在你當下讀到的這位作者的觀點裡，一個沒有人評論的宇宙是沒有意義的。我們說瀑布或山巒很美，是什麼意思？美的概念，或事實上所有關於價值及意義的概念，都需要先有觀察者。如果不帶有心智地去觀察，瀑布僅只是瀑布，山巒僅只是山巒。能夠仔細評估、記錄，並將我們眼前的宇宙中的存在全貌加以公布的，正是我們這些有意識體——在所有物質中最稀罕的形式。

我明白在上述那些評論當中，有著某種程度的循環論證，或許是因為只有在具備心智及智慧的脈絡之下，「意義」才切合命題。如果心智不存在，那意義也不會存在。不過，事實是我們確實存在，而且我們擁有心智、擁有思想。物理學家所思索的，或許是那幾十億個沒有行星、恆星或有生命體且如此一以貫之的宇宙，但我們不該忽略我們自己這個謙遜的宇宙，以及我們自身的存在事實。即使我曾論道，我們的身體與大腦只不過是物質原子及分子罷了，但我們也已然創造出屬於自己的、具有意義的宇宙。我們建造社會，我們創造價值，我們建立城市，我們打造科學與藝術，而且，我們打從歷史有紀錄以來，就一直在做這些事了。

我在〈一千億：一個星系中的恆星數量，一個大腦中的神經元數量〉裡曾提到，英國哲學家麥金認為要瞭解「意識」這個現象是不可能的，因為我們無法跳脫自己的心智去討論它。我們必然地受困於神經元的網絡之中，但神經元的神祕經驗又是我們試著想分析的對象。同樣地，我想說的是，我們也被束縛在自己這座具有意義的宇宙之中，我們無法想像出不具意義的宇宙。此處我所說的意義，並不見得是什麼偉大的宇宙意義、神聖意義，或甚至是永恆持久的意義，而就只是日常事件那種簡單而特定的意義，好比湖面上一閃即逝的光影，或是孩子誕生這種短暫的事件。不論好壞，意義是我們在這個世界上的存在方式的一部分。

而鑒於我們的存在，我們的宇宙必定具備或大或小的意義。我還沒遇過住在地球以外、偌大宇宙中的任何生命形式，但如果他們全都不具備我所定義的智慧的話，我會相當震驚。再者，如果那些智慧生命不像我們一樣能夠打造科學與藝術、試著評估並記錄宇宙中的存在全貌的話，我會更加震驚。我們和其他那些存在之間的共通點，並非有機論所說的超驗、神祕元素，而是可能性極低的「活著」的事實。

注釋

1 "Kepler Mission Rockets to Space in Search of Other Earths," March 6, 2009, https://science.nasa.gov/science-news/science-at-nasa/2009/06mar_keplerlaunch.

2 以下是我計算具備生命形式的物質比例的方式：專家估計地球上的生質量（biomass）約為二乘以十的十八次方公克。一般來說，擁有可居住行星的恆星約為太陽的質量的〇・二倍，因此，在一個典型的可居住太陽系裡，生質量的比例約為二・五乘以十的負十五次方。宇宙中太陽系質量（肉眼可見的形式）的比例約為〇・〇五。（其餘為暗物質與暗能量。）在所有恆星當中，有十分之一擁有可棲居的行星。將這些數字結合在一起的話，就會得到十的負十八次方的比例。為了將它與戈壁沙漠相互比較，我把戈壁沙漠的面積算作五十萬平方英里左右，而一粒典型的沙子面積大約為二乘以十的負三次方平方公分。

3 例如見二〇一五年皮尤研究中心（Pew Research Center）的調查：https://www.pewresearch.org/fact-tank/2015/11/10/most-americans-believe-in-heaven-and-hell/。

無限

宇宙生物中心主義

一九七九年，如今已故的傑出理論物理學家戴森（Freeman Dyson）沉浸在一個頗為大膽的科學想像之中：宇宙與智慧生命在**極度**遙遠的未來裡的命運。這裡所說的可不只是未來幾十萬年、下一次冰河期發生的事，或甚至是幾十億年、當太陽擴張成為「紅巨星」將地球燒毀時的事。我們所說的是幾百兆年之後的事，當太空中的所有恆星都燃燒殆盡，行星偶然之間撞上飄移中的恆星而被拋出原本所屬的恆星系統之外，或者甚至是更久之後的事。但有點令人意外的是，物理學家戴森寫道：「如果不將生命與智慧的影響納入的話，根本不可能仔細計算出宇宙如此長遠的未來。」[1]他接著描述一個情境：即使是在這般絕望的未來裡，智慧生命可能依舊能夠存活，但他們必須將意識與記憶從血肉之軀移植至某種大型的粒子結構，例如飄在空中的雲。而為了存活，這些「智慧結構」在活躍期由於能量供應不穩定，必須謹慎地小量攝取能量，而且在活躍期之間必得進入長期的休眠。

戴森這篇充滿數學計算的論文，題為〈沒有終點的時間：開放宇宙中的物理學及生物學〉（Time Without End: Physics and Biology in an Open Universe）。他自己並不是沒有意識到這番預測的臆測本質。作為某種掩飾，他引用了另一位偉大的理論物理學家溫伯格（Steven Weinberg）的話。[2]當時，溫伯格正好出版了《最初三分鐘》（*The First Three Minutes*）。這本書與戴森想要探討的「時間的終結」恰好相反，談的是時間的起源。「在物理學中常常是這樣的，」溫伯格寫道：「我們的錯誤並不在於我們把理論看得太認真，而是我們不夠認真看待它們。」[3]

戴森於二〇二〇年二月辭世，享年九十六歲，生前是一位害羞、嬌小、長得像精靈一般的人。他出生於英國，父親為作曲家、母親是律師，年幼時便展露出高度數學天賦。他的姐姐愛麗絲（Alice）還記得弟弟從小就沉浸於百科全書之中，身邊全都是被他用來計算東西的紙張。[4]第二次世界大戰期間，戴森未滿二十歲時，就被皇家空軍轟炸機司令部（RAF Bomber Command）徵召，專替皇家空軍計算出理想的轟炸機隊形。他於劍橋大學三一學院（Trinity College, Cambridge）攻讀數學，但沒興趣繼續取得博士學位。一九四七年，戴森搬到美國，並在短短幾年後於知名的普林斯頓高等研究院（Institute for Advanced Study, Princeton）取得終身職。後來，戴森將量子物理與愛因斯坦相對論兜在一起，探討光與物質之間的互動；許多物理學家認為，該研究的貢獻值得共同獲頒一九六五年的諾貝爾獎[5]。

戴森向來是位充滿遠見的人。他在一九五〇年代晚期主持了獵戶座計畫（Project Orion），提議在太空船的尾端持續引爆原子彈，藉以作為太空船的推進動力。又過了幾年，一九六〇年時，他擬出一種現稱為戴森球（Dyson sphere）的東西，描述了進步的文明可以在恆星周圍建造一個集光的球體，以充分運用該恆星的能源。至於戴森樹（Dyson tree）則是一種基因改造植物，種植在彗星的開放空間裡，為人類棲地提供得以永續的大氣。

人們將戴森對於智慧生命持續在無限的未來裡生存的想法暱稱為「戴森的永恆智慧」（Dyson's eternal intelligence）。正如他的其他未來臆測，科學社群大肆討論這些新點子，覺得它們很有趣、很有爭議，也可能很沒用，同時更是科幻小說家的取材來源。

關於這些宇宙思索，自然會出現一個問題：它們單純只是娛樂意義上的機智討論嗎？還是它們告訴了我們一些重要的事——關於此時此地、活在二十一世紀的地球上的我們的事？哥白尼認為位於太陽系中心的是太陽，不是地球，這確實對於當時當地的哲學與神學具有深刻的影響。而人們近期發現許多恆星系統中包含了可居住的行星，而且它們與中心恆星的距離適中才得以擁有液態水，這件事也是如此。

戴森的永恆智慧隨著人們程度不等的興趣，蔓延了二十年。接著，一九九八年的一項新興科學發現使一切大翻盤。天文學家發現，宇宙擴張的速度並不如原本戴森所計算的、人們在過去超過半世紀普遍所接受的那般從容。相反地，宇宙的擴張正在不斷**加速中**。換句話說，星系隨著時間推進，正在以指數成長的速度飛離彼此。如此一來，在短短一千億年之後，我們和我們所屬的同群星系們，將會永遠地與宇宙的其他部分斷聯，好比墜入黑洞一般，再也沒有光、沒有能量、沒有任何從宇宙其他部分傳來的東西將觸及我們。（不過，早在這個事件發生之前，大約距今一百億年之後，我們自己的太陽就已經燃燒殆盡了。）我們將會被拘禁在一個範圍有限的空間裡，這空間以地球的標準來看或許算大，但以宇宙的觀點來說很小，使得戴森的智慧結構無法在不斷擴大的範疇內持續成長、儲存資訊。屆時，夜空將變得全然漆黑，太空會變得愈來愈冷，而所有僅存的能量將完全歸零。在那之後的某個時刻，或許又要再過一千億年，生命的終結就會降臨——不只是像我們這樣的生命，或甚至是乘載於戴森的「智慧結構」之內的生命，而是一切的生命。而且，這般最終的滅亡不只會發生在我們的周遭，而是宇宙中的每一個角落。宇宙會繼續翻攪，永無止盡，直到永遠，但「生命時代」（era of life）將會結束。我認為，那樣的結果及其蘊含的意義，可能甚至比戴森的永恆智慧來得更加深遠。

我在前一章中以物質的角度討論到生命的稀有性。若以「生命時代」來探究這份稀有性的話，我們必須先瞭解宇宙中的距離與時間那種龐大的尺度。存在於日常中的事物很少能夠闡明我們在宇宙中的定位，但日食與月食可以稍微讓我們有模糊的理解。二〇一七年八月，我跟許多美國人一樣都觀賞了當天的日食。當時，我女兒、女婿和他們的兩個孩子來緬因州海岸拜訪我和妻子；那裡並不是完美的觀測地點，但據估也有達到百分之五十八的程度了。我們在日食發生的前幾天發現家裡沒有適當的儀器，所以我們開始到處打電話，想辦法弄到日食墨鏡，附近的商店全都賣光了。最後，我妻子在緬因州內一個名為中國（China）的小鎮找到一間小型圖書館還有很多庫存，離我們家車程大約一個半小時。一位女士接了我妻子的電話，對方說他們很快就要閉館了，但她會把庫存的日食墨鏡放在一個冷藏箱裡，留在圖書館門口，然後再立一個牌子寫上：「請適量取用。」於是，我妻子就出發了。

此時，我們四歲的孫女發現我們似乎在籌備大事，就叫我解釋日食是什麼。我拿出幾顆水果，一顆當作地球，一顆是月球，一顆是太陽，然後把它們擺在她面前，讓水果月亮擋住水果太陽。她問道：「可以在電腦上弄給我看嗎？」

對於水果的類比示範、電腦的模擬，或是直接戴上墨鏡的實時體驗，我女婿都不甚滿意。他拿出一個淘洗食物的濾盆，在吧台上映照出一百個日偏食的形狀。

當日食開始發生時，隨著光線變得昏暗，周遭動物的行為都開始變得異常。鳥叫聲聽起來跟平常不同，松鼠以不自然的方式蹦跳——或至少我們是這麼覺得。原本在我們家花園裡的蝦夷蔥上方飛行的帝王斑蝶，開始向下俯衝、胡亂飛動，有如恍神似地。看了半小時之後，我們覺得夠了，就拿下墨鏡、放下濾盆，繼續度過當天剩下的時光。

但就在稍早，一件深刻的事發生在我們身上了。在那短暫的時間裡，我們意識到自己身處於宇宙之中。我們意識到事物的宇宙本質，意識到月亮是一顆繞著地球轉的巨大圓球，也意識到地球是另一顆繞著太陽轉的球，而且還會繞著自己的軸心自轉。還有太空的廣大。不論我們有沒有注意到，外太空裡時時有壯觀的事情在發生。

我孫女問我太陽有多遠。我無法用蘋果和柳丁來回答那個問題，但如果你坐上高速列車前往太陽，假設速度是每小時兩百英里好了，那大概會需要五十年的時間才能抵達。她點了點頭。

如果坐上同一班列車前往太陽以外最接近的一顆恆星，那大概需要一千五百萬年。第一個成功估算出這個距離的人是牛頓：他用沾了櫟癭墨水的羽毛筆、寫了密密麻麻的計算式得出。（只有像牛頓這麼傑出的人，才會讓「首位寫出如此重大計算式」的貢獻埋沒在其他成就當中，幾乎沒有人注意到這件事。）牛頓問道：假設其他恆星跟我們的太陽相似，那太陽應該要位在多遠之外，才會跟附近其他的恆星看起來一樣模糊呢？這項計算當中的挑戰，在於該如何將太陽與某顆恆星的亮度互相比較。牛頓在十七世紀中期並沒有光電池（electronic photocell）可以使用，不過，他知道土星在一年之中的哪個季節看起來跟高亮度的恆星差不多亮。身為行星的土星之所以會「發亮」，是因為反射太陽光所致。當牛頓算出土星所攔截的太陽光比例時，他就能得出答案了：太陽距離最近的恆星約為三十兆英里。這項計算的標題為〈論恆星的距離〉（On the Distance of the Stars），只在他的傑作《自然哲學的數學原理》（*Principia*）中占了少少的一頁。

為了處理如此遙遠或甚至更遠的距離，天文學家使用一種稱為「光年」的距離單位，也就是光在一年之內可以行進的距離。以這種尺度來看，距離最近的恆星南門二（Alpha Centauri）約在五光年之外。換句話說，從那顆恆星發出的一束光若以每秒十八萬六千英里的速度前進，必須要花五年的時間才會抵達地球。

牛頓的這項估算比人類史上所能想像的其他距離都來得遠上許多，若跟地球的圓周長或甚至是地球與太陽之間的距離（後者在古希臘時期就已經估算出來了）相比，該數值都顯得大得離譜，大概就像住在辛辛那提（Cincinnati）的蟻窩裡的螞蟻試圖去想像牠們到舊金山的距離一般。

不過，就天文的尺度而言，這只是起點而已。當我們抬頭望向清澈、漆黑的夜空時，我們會在頭上看見一條美麗的白色腰帶，那是我們的星系銀河系，大約聚集了一千億顆恆星。要怎麼測量它的大小呢？繼牛頓之後，幾乎有兩百五十年的時間都沒有人知道該怎麼做。接著，到了一九一二年時，一位幾乎失聰、任職於哈佛大學天文台的天文學家勒維特（Henrietta Leavitt）巧妙地構思出一個全新的方法來測定遙遠恆星的距離。有一群名為造父變星（Cepheid variables）的恆星以亮度擺動不定的特性聞名，而勒維特發現這些變星的變化週期與其本質亮度（瓦特數）密切相關：亮度愈高的變星，變化週期便愈長。計算這類變星的變化週期便能得出它們本質亮度。接著，當你將其本質亮度與它在天空中**看起來**的亮度相比，就可以推斷出距離；這就像是，當你知道一盞在夜裡逐漸靠近的車頭燈瓦特數時，就可以計算出那輛車子的距離。造父變星在太空中四處散落，我們可以很方便地把它們視作太空公路上的距離標誌。勒維特，或人們口中的「勒維特小姐」（Miss Leavitt），在世時並沒有獲得任何表彰，也少有人知，在天文學領域之外甚至幾乎沒沒無名。

天文學家於一九二〇年代時運用勒維特的發現，成功測量出銀河系白色腰帶的尺寸，也就是我們現知的十萬光年。當時，人們熱烈爭論著其他天文幻象：我們在望遠鏡中看到的那些模糊不清的污跡究竟是銀河系的一部分，還是其他東西？天文學家哈伯（Edwin Hubble）透過辨識出這些污跡當中的造父變星，成功釐清其中有很多其實是完整的星系。最靠近的大星系稱為仙女座（Andromeda），距離我們幾百萬光年遠。平均來說，每一個星系與其相鄰星系之間皆相距十或二十星系直徑。

這幅深邃的宇宙樣貌是由約略兩公尺高的生物所構思出來的——他們在一大堆星系當中的其中一個星系邊緣的一個行星上思考出來的。一九二六年一月二十二日，《紐約時報》有篇簡短的文章，以司空見慣的口吻提及哈伯的發現，標題為〈天文學家發現另一個宇宙〉（Another Universe Seen by Astronomer）：

> 數年來，天文學家不斷推測空中各式模糊不清的組構究竟是否屬於這個宇宙，抑或是在無以測量的距離以外各自獨立的「島嶼」宇宙……哈伯博士於一項研究中提出其他宇宙確實存在的證據，而該研究於今日由芝加哥大學刊登在

《天文物理期刊》（*Astrophysical Journal*）中。他發現，儘管這個外部星系完全落於地球所屬的星系以外，距離七十萬光年遠（該數值其實低估了，但仍然遠大於銀河系），但它與我們的星系具有許多相似之處。

在這麼長一段時間以來，人們已經愈來愈會思考了。在古代印度教裡，人們相信提婆（deva，較低階的神祇）的壽命約為一萬提婆年，而一提婆年約為一百地球年，所以共計一百萬年。創造之神梵天（Brahma）生命中的一天，是提婆的一千輩子，估計約為四十億年。這般悠長的時間單位稱為一劫（kalpa）。很顯然地，這些愈來愈長的時間尺度只是單純把前一層級的時間尺度乘以十的幾次方而得出，完全不需要任何關於物理世界的知識。

印度教教徒相信循環宇宙。他們認為整座宇宙的生命週期是梵天生命中的一百年，相當於三百兆年。湊巧的是，這恰好跟所有恆星燃燒殆盡所需的時間相當。

佛教徒也使用劫數作為宇宙時間的單位，但佛陀反對以人類的紀年來具體說明劫的長度。不過，祂也提供了一個生動的解釋：假設你有一座非常廣大的山，高度十六英里、寬度十六英里；如果你每一百年拿一塊絲布去擊打它一次，那當一劫結束時，那座山就會被你完全消磨不見。[6]（這個臆斷仍未獲得證實。）

人們第一次以科學的方式相當準確地定義一段非常長的時間，是在一九二〇年代的時候。當時，地質學家使用鈾及其他放射性元素的衰變速率來估計地球的年齡為幾十億年。接著，到了一九三〇、四〇年代時，因為人們已經知道太陽與所有恆星的能量皆來自於其中心的核融合反應，天文學家與物理學家估算出我們太陽的年齡約為五十億年。

一九二九年，哈伯就加州威爾遜山上的巨型望遠鏡所蒐集的資料再次進行分析，發現宇宙正在擴張的證據，這或許是史上關於宇宙最重大的發現。根據大霹靂理論模型及近期在宇宙觀察到的現象，我們預期宇宙會**永遠地**持續擴張，變得愈來愈冷、愈來愈稀疏。而就是在這個脈絡下，戴森認為生命可以在遙遠的未來裡繼續生存，或許還能永遠活下去。

我們現在需要來重新思考生命在空間與時間當中的稀有性。史上第一批提出地球以外也有生命存在的人，包括早期的羅馬詩人盧克萊修（約公元前五〇年）。他在偉大的書著《物性論》（*On the Nature of Things*）裡擁護純粹的宇宙唯物論觀點，以對抗眾神的超自然力量。盧克萊修寫道：「若說這顆地球與這片天空是唯一的受造物，那是最不可能的……宇宙中沒有任何事物是唯一的，或是獨特、孤獨地誕生、成長……因此，你必須承認在其他區域內，也有其他的地球、不同種族的人及不同品種的動物。」7

正如我們在前一章所討論的，人們設計出克卜勒號以尋找「可居住」行星，而從它近期的觀察來看，我們可以估計生命形式在宇宙裡的一切物質當中的比例僅有十的十八次方分之一。於空間上，生命確實非常稀有。

發現宇宙正在加速這件事，也使生命於時間上變得稀有。換句話說，在宇宙的悠長歷史裡，生命只能存在於很短的一段時間當中。「很短」當然是一個相對的概念。且讓我解釋一下。生命與所有複雜的結構都需要較大的原子，例如碳、氧、氮。（就連可能有一天會被認定為有生命的電腦，也需要像矽這種較重的元素。）像氫和氦這兩個最小的原子，就完全沒有足夠的結構零件可以建造出太多東西。我們有大量的證據顯示，較大的原子是由恆星內的核融合反應製造而成。於是，最早的恆星要一直等到宇宙大約十億歲的時候才有辦法形成，因為它們需要巨量的氣團緩慢地凝結、收縮。所以，「生命時代」大約始於大霹靂之後的十億年左右。而在另一端，正如先前討論的，在宇宙大約一兆歲之後，生命可能就再也不復存在了。

從十億年到一兆年，我們該如何思考這段生命時代的跨度呢？在處理這麼大的數字與跨度時，最實用的方法就是以十的次方來思考。那麼，從十億到一兆之間就差了十的三次方。我們可以拿什麼東西來跟這個跨度做比較呢？首先，我們無法將它跟無限相比，那是無限擴張的宇宙的時限，沒有任何數字可以與無限相比。那第一個比較失敗後，我們可以把它拿來跟以下這個時段相比：我們所相信的、本質發生終極改變的最久時限，那是在非常遙遠的未來裡的某個時間點，遠超過生命時代的終結，宇宙中的一切物質都將在一個稱為「質子衰變」（proton decay）的過程中瓦解。據估計，它將發生於距今十溝（十的三十三次方）年之後。而在那段遙遠的時代過後，就再也不會發生任何我們想像得到的改變了，宇宙將旋轉化為虛無。

我們對於宇宙具有足夠認識的**最早**時間，約是大霹靂發生之後的十的負四十二次方秒，相當於普朗克時代的十倍長；我們在〈在虛無與無限之間〉已經討論過了。從我們所能理解的最早時刻至最後一刻，也就是一切物質全都瓦解時，兩者之間的跨度約為十的八十二次方。總的來說，根據科學家所相信的，這個不斷演化的宇宙的時限大概是十的八十二次方，而生命時代只占了其中的十的三次方。

由以上證據可知，生命在我們的宇宙中僅為電光石火，只不過是宇宙那巨大的時間及空間中的短短一瞬。那麼，我們又有什麼立場能得出這般真相？對你眼下的這位作者而言，瞭解到生命的稀有性，讓他覺得自己跟其他生命形式之間產生一種不可言喻的連結，是他從未體驗過的感受。這或許主要是一種智慧上的連結，但並非全然如此。大家身為沙漠中的其中幾粒沙，或是在宇宙廣闊的時間跨度裡只存在於相對短暫的生命時代裡，彼此之間有一種親屬關係。即使我永遠不會接觸或認識到地球以外的其他生命，但我也是某種稀有、獨特的東西的其中一份子，將來再也不會有這般交集了。我們幾乎可以確定的是，在無限的太空之中，一定有其他會思考的生命擁有自己的天文學家、物理學家和生物學家（以及畫家和作家），而他們也得出了相同的結論。我們可能永遠無法跟彼此說上一句話，但我們全都知道我們的存在的稀有性，以及我們彼此之間的連結。正如我在前一章所提到的，我們是以同樣身為宇宙的觀察者「夥伴」而有了連結，但到頭來，光是我們在時間與空間中的稀有性，就足以讓我們有所關聯。這個想法過於巨大以致無法好好弄清楚，但「我們體內的原子都產於恆星」這種科學界一致認同的觀點，也是同樣很難釐清。

二十世紀早期，阿爾薩斯哲學家兼博學家史懷哲（Albert Schweitzer）提出一個概念，他稱之為「Ehrfurcht vor dem Leben」，可以翻譯成「敬畏生命」。根據史懷哲的自傳，四十歲的他在一九一五年的某一天，恰好旅行到非洲的一條河上，他同時目睹了在水面上閃爍的太陽、背景的熱帶森林，以及一群在河岸上做日光浴的河馬。他忽然之間感受到「對於生命的敬畏」。[8]後來，史懷哲這麼說：「我是一個努力活著的生命，是其他努力活著的生命之中的一員。」[9]

史懷哲的「敬畏生命」理念後來成為更近期的「生命中心主義」（biocentrism）概念基礎。這個哲學觀點將倫理價值與連結延伸至所有生命體，明確地表達出一種非擬人的思想。這種態度並不是最近才新出現的，在古代宗教與哲學裡皆可以看到，包括佛教。而到了現代，提出生命中心主義的人是生物多樣性、環境保護及動物權利等支持者。

隨著克卜勒號近五年的發現，我們幾乎可以確定在宇宙的其他地方也有生命存在。（有鑒於可居住行星那難以想像的數量，如果地球以外沒有生命存在，那簡直就像是在一百萬座乾燥森林當中，不管過了幾年都毫無野火發生似地不可能。）有了克卜勒號的發現，再加上我們在這裡討論到的生命於時間、空間中的稀有性，讓我們得出一個概念，我將稱之為「宇宙生命中心主義」（cosmic biocentrism），指的是生命的稀有性與珍貴性使得宇宙中的所有生命體之間產生親屬關係。我沒有辦法想像其他生命體可能會有哪些想法，或是哪些價值與原則，但我們在自己所處的這座偌大的宇宙廊道中共享了某些東西。那我們究竟共享了什麼？無庸置疑地，我們共享了「生命」的平凡特徵：將我們自己與周遭環境區隔、運用能量來源、成長、繁殖及演化等能力。我想再更進一步地論道，在我們相對短暫的「生命時代」期間，我們這些「有意識」體之間還擁有更多共通點：見證並反思存在本身的不凡的能力，而這般不凡的景象同時具備了神祕、喜悅、悲哀、戰慄、雄偉、困惑、滑稽、滋養、既不可預測又可預測、狂喜、美麗、殘酷、神聖、毀滅、振奮等特質。我們不在了之後，宇宙將會持續運作直到永遠，寒冷且無人觀看。但在這短短幾個十的次方裡，我們曾經存在過——我們看過，我們感受過，我們活著過。

注釋

1 Freeman Dyson, "Time Without End: Physics and Biology in an Open Universe," *Review of Modern*

Physics 51, no. 3 (July 1979): 447.

2 Steven Weinberg, *The First Three Minutes* (New York: Basic Books, 1977).

3 Ibid., p. 131.

4 Ann Finkbeiner, "Freeman Dyson Turns 90," *The Last Word on Nothing* (blog), October 7, 2013, https://www.lastwordonnothing.com/2013/10/07/freeman-dyson-turns-90/.

5 譯注：該年的獎項由朝永振一郎、許溫格（Julian Schwinger）及費曼共享。

6 "Kalpa," Chinese Buddhist Encyclopedia, http://www.chinabuddhismencyclopedia.com/en/index.php/Kalpa（譯注：此處據作者英文意譯翻譯。《阿毘達磨大毘婆沙論》玄奘譯本如下：如近城邑有全段石山。縱廣高量各踰繕那。迦尸細縷百年一拂。山已磨滅此劫未終）。

7 Lucretius, *De Rerum Natura* (Cambridge, MA: Harvard University Press, 1982), book II, lines 1055–57 and 1074–78.

8 見一九五二年諾貝爾和平獎授講典禮，https://www.nobelprize.org/prizes/peace/1952/ceremony-speech/ 以及 Albert Schweitzer, *Out of My Life and Thought*, trans. C. T. Campion (New York: Holt, Reinhart, and Winston, 1949), p. 157。

9 Ibid.

知道無限的人

在波赫士（Jorge Luis Borges）的故事〈沙之書〉（The Book of Sand）中，一名神祕的陌生人敲了敘事者家的門，想要把自己在印度一個小村莊找到的《聖經》賣給他。看得出來，那本書帶著經手多人的痕跡。陌生人說，當初把這本書給他的那位不識字的農夫稱它為「沙之書」，「因為不管是沙子或這本書，都沒有開頭或結尾」。敘事者將書翻了開來，發現書頁凌亂不堪、編排得很糟糕，每一頁的上方角落都寫著一個無法預測的阿拉伯數字。陌生人提議讓敘事者試圖找出第一頁，但根本不可能——不論他多麼靠近書的開端，在封面和他的手之間總會留有幾頁，「好似它們是從那本書長出來一般」。陌生人接著要敘事者去找找書的結尾。同樣地，他也失敗了。敘事者說：「不可能。」兜售《聖經》的人說：「這是不可能的，但它就是這樣。」「這本書裡的頁碼根本就是無限，沒有哪一頁是第一頁，也沒有哪一頁是最後一頁。」陌生人停頓，思索了一下，並說道：「如果宇宙是無限的，那我們便只是在隨便一個地方，位於空間中的任何一點。如果時間是無限的，那我們則處在時間裡的任何一點。」（給觀察入微讀者的注解：我們無法處在時間裡的任何一點。正如我們在前一章所討論過的，生命只能存在於宇宙歷史中相對短暫的一段時間之內。）

數千年來，人類沉醉於「無限」的想法，同時為之感到困惑。對數學家而言，無限是腦力遊樂場，一條永無止盡的分數長線可以不斷地朝著「一」堆疊上去。對天文學家而言，真正的問題在於外太空究竟是否會永無止盡地一直、一直、一直延伸；如果會的話，那就如同宇宙科學家現在所相信的那樣，其中將存有大量的變動結果。一來，我們每個人在宇宙裡的某處，應該都會有無限個複製體，因為就算是在可能性極小的情況裡——像是製造出某特定個體的特定原子排列方式——當我們把那個情況乘以無限次的嘗試，它就會重複出現無限多次。無限乘以任何數字（除了零之外）都等於無限。

想要測量出無限是不可能的，或至少根據一般對於尺寸的概念來看是不可能的。如果你可以將無限切成兩半，每一半都依然為無限。假如有一名精疲力盡的旅人來到一間規模無限大且滿房的旅館，那一點問題都沒有——你只需要把一號房的房客移至二號房、把二號房的房客移至三號房……無限類推下去，那在過程中，你已經為所有先來的房客安排好房間，並空出一號房給新來的旅客了。無限旅館裡永遠都有空房。[1]

我們可以跟「無限」玩遊戲，但我們無法將「無限」**視覺化**。相較之下，我們可以設想出會飛的馬的模樣：我們看過馬，我們看過鳥，所以我們可以在心裡幫馬裝上翅膀，然後把牠送上空中。但我們無法對無限這麼做。無限的「無法設想性」就是它之所以如此神祕的一個原因。

人類似乎是在公元前六〇〇年左右第一次記錄下無限的概念，而這項紀錄可以歸於希臘哲學家阿那克西曼德（Anaximander），他使用「阿派朗」（apeiron）一詞，意為「無定形」或「無限制」。[2]對阿那克西曼德而言，雖然無限本身並非實質物質，但地球、天空與一切物質皆由無限而生。其他古希臘哲學家認為無限是負面的，甚至是邪惡的，因為他們認為某個東西的不可測量性，便是它的弱點——除了無限且無可測量的「唯一」（One）。而中國人在跟阿那克西曼德同一時期左右，也運用了「無極」與「無窮」這兩個詞，並且相信「無限」非常接近「虛無」。[3]（以這個角度切入帕斯卡的想法十分有趣；詳見〈在虛無與無限之間〉。）在中國的思想中，「存有」與「不存有」正如陽與陰，兩者和諧並存，因此，無限與虛無之間便有親屬關係。又過了幾個世紀之後，亞里斯多德認為「無限」其實並不存在，但他承認所謂的「潛在無限」（potential infinity），例如整數。[4]你可以在任何數字加上一，讓它不斷變得更大，而只要你有耐力撐下去，這個過程就可以一直持續進行，但你永遠也達不到無限。

確實，在「無限」的眾多有趣特性當中，其中一個就是你無法從這裡到達那裡。「無限」並不單純只是很多、很多的「有限」。雖然「無限」有些部分或許看似「有限」，例如巨大的數值或龐大的空間體積，但它似乎擁有截然不同的本質。無限自成一格。我們所見、所體驗的一切都具有限制、邊界與可觸及性，但無限並非如此。基於類似的理由，聖奧古斯丁、斯賓諾沙與其他神學思想家，便將無限與上帝加以連結：上帝的無限力量、上帝的無限知識、上帝的無窮無盡。聖多瑪斯・阿奎納（St. Thomas Aquinas）說：「上帝無所不在且存在於萬物之中，其因乃在於祂無窮盡、無極限。」[5]

在非物質世界的宗教場域之外，物理學家相信，在**物質世界**中可能也有無限的事物存在，但這個想法永遠無法獲得證實。你無法從這裡到達那裡。

我們多數人都在小時候就經歷過最早的無限跡象，可能是我們第一次抬頭望向夜空，或是當我們到了大海、眼前不見陸地，就這樣凝視著大海一直、一直延伸，直到它碰上地平線為止。但這些都只是細微的跡象，就像為了要達到亞里斯多德的潛在無限，不斷地加一讓我們招架不住了，但卻還離得很遠。

無限的概念至今仍是一個具有爭議、矛盾的主題，激勵著國際研討會及熱絡的學術爭論。物理力量究竟可否達到無限大？物理空間可否不斷超出一個又一個的星系、毫無止盡地無限延伸？介於整數的無限及所有數值的無限之間，是否也夾著無限？二〇一三年五月，一群科學家與數學家聚集在紐約市，討論「無限」這個深層而複雜的難題。加州大學柏克萊分校的數學家伍丁（William Hugh Woodin）這麼說道：「這有點像是數學住在一座穩定的小島上。我們已經蓋好穩固的基礎了，然後在外面還有荒地，那就是無限。」[6]

關於空間的無限性，地球上想出最廣闊的概念的人，大概是史丹佛大學教授、理論物理學家林德了。林德教授只用紙筆工作，現年七十二歲的他在莫斯科出生、長大，並在當地的列別捷夫物理學研究所（Lebedev Physical Institute）取得物理學博士學位。他的雙親皆為物理學家，他的配偶卡洛許（Renata Kallosh）也是物理學家、史丹佛大學教授。一九九〇年，林德與卡洛許搬至美國，林德便就此得到了目前的教職。

一九八〇年代早期，林德對宇宙的起源提出了一個基進的理論。[7]他的理論稱為「永恆混沌暴脹」（eternal chaotic inflation），從麻省理工物理學家古斯一九八一年的理論修改而來，而古斯的理論本身則是從一九二七年的大霹靂模型修改而來。[8]在短於一秒鐘的微小時間內，一個比原子還小的區域「暴脹」變大，規模足以囊括我們現今所見的一切事物與能量；古斯的論文中已經強調了暴脹理論的這一個部分。林德的理論又更進一步預測，認為我們的宇宙必然只是大量的宇宙的其中之一，而每一個宇宙皆不斷且隨機地產出更多的新宇宙，形成一條無止盡的宇宙生產鏈，一路延伸至永恆的未來之中。其中有些宇宙的範圍應為無限，或許我們自己的也是。而在我們自己的這座宇宙當中，高速膨脹的時期應該已經在宇宙只有〇．〇〇〇〇〇〇〇〇〇〇〇〇〇〇〇〇〇〇〇〇〇〇〇〇〇〇〇〇〇〇〇一秒那麼大時，就已經完成並結束了。

我們可以很容易就將這種推測貶抑為科幻故事，但科學家不可思議的猜測其實常常會觸及實在。誰在兩百年前會想到我們可以破解創造生命有機體的微小化學密碼，並且有辦法像在洗撲克牌一樣將那串密碼加以重組？又或者打造出可以穿越空間、以圖像與聲音溝通的小盒子？林德的推測背後有一些嚴謹的方程式在支持著，而且古斯—林德暴脹理論當中有一些重要預測（但不包括「無限」的存在）已獲得實驗證實。

林德在科學社群中廣受認定為第一流的物理學家。除了諾貝爾獎外，他所獲得的物理學主要獎項數量最多，其中一些包括：的里亞斯特國際理論物理學研究中心（International Center for Theoretical Physics in Trieste）所頒發的狄拉克獎章（Dirac medal；與古斯及史坦哈特〔Paul Steinhardt〕共同獲獎）、格魯伯宇宙學獎（Gruber Prize in cosmology；與古斯共享）、德國的宏博獎（Humboldt Prize）、挪威科學與文學院及卡夫利基金會（Kavli Foundation）的卡夫利獎（與古斯及斯塔羅賓斯基〔Alexei Starobinsky〕共享）、巴黎天文物理學學院（Institute of Astrophysics）獎章，以及二〇一二年的首屆基礎物理學獎（Fundamental Physics Prize；與古斯等人共享）；最後一個獎項甚至頒給每個人三百萬美元，比諾貝爾獎獎金的兩倍還多。

林德對自己也很有自信。我第一次見到他時是在一九八七年，是在他完成暴脹理論當中最重要的研究過後的幾年。他跟我聊到他的發現時，說了這些話：「我理解古斯想要做的是什麼，這不成問題。但我不懂的是它〔暴脹〕應該**如何**發生，畢竟我們已經看過〔在古斯的原始理論之中〕非同質性有多麼地大〔與觀察矛盾〕。我只是覺得上帝不可能不運用這麼好的機會來簡化祂創造宇宙的工作吧……那時候，我同時也在跟魯巴柯夫（Valery Rubakov）〔在電話上〕討論類似的事情……當時我坐在臥室裡，因為我的孩子和太太全都在睡覺了……當一切終於具體成形的時候，我非常興奮。我跑去找我太太、把她叫醒，然後我說：『我好像知道宇宙是怎麼起源的了。』」[9]

我最近到林德在加州史丹佛的家中拜訪他，想更新一下他的理論近況，以及該理論在我們的世界觀中的定位。林德與妻子住在一個綠意盎然的社區內，裡面的街道蜿蜒、熱帶花園錯落，屋子則紛紛矗立在山丘上。他當時打扮得很休閒，穿著一件黑色T恤、套上一件黑色羊毛衫，同時穿著黑色長褲、黑色襪子和涼鞋，全都跟他一頭雪白的頭髮形成戲劇化的對比。他的英文很好，但仍保有厚重的俄羅斯口音。我們坐在廚房餐桌邊，牆上掛著一個時鐘、一張托斯坎尼的地圖，架子上放著一些彩繪陶瓷罐。他的妻子準備了一頓美味的午餐，有義大利餃和沙拉。

首先，我問林德教授是否相信空間上的無限真實存在。「你覺得恐龍真實存在嗎？」他這麼回答，停頓了一下後，接著說：「萬物的運作方式都**似乎**指向空間無限真的存在一般。」[10]林德用詞十分小心，他區分了以下兩者，一個是我們永遠無法得知的「實在」，另一個則是我們「對實在所提出的模型及推斷」。林德向來對哲學抱持著高度興趣，他還記得自己曾經跟高中同學就科學與藝術進行辯論。根據他少年時期的其中一個哲學觀點，「感覺」是真實存在的物體——他到現在仍未徹底屏棄這個想法。年少的林德做出這個理論：當兩個人在溝通時，不論是口頭上或非言語式的，他們會同時共享著「感覺物體」。不過，他在科學課堂上學到了愛因斯坦的相對論禁止任何溝通比光速快，他便下定決心，覺得自己最好先去研讀物理學，才不會再犯下這種「錯誤」。

我問林德教授他對無限的想法：他會不會試著用視覺去設想它？他說：「不管你走得多遠，都可以一直再走更遠。」接著，他用花園來做比喻：「但這裡沒有藩籬。」一個星期以前，麻省理工的理論物理學家賈菲（Robert Jaffe）告訴我，他不覺得「無限的概念像伴隨而來的虛無的概念來得那麼惱人」。林德說，如果在無限的宇宙外太空裡有很多他的複製體，他並不會為此感到特別不舒服。不過，他確實也表示：「如果他們的想法跟我的完全一模一樣的話，那可是一件大事。」

阿那克西曼德的無限概念相當抽象，而且無法合理地跟物理空間扯上關係。事實上，在早期希臘哲學家的想像中，宇宙的範圍是有限的，具有一個外部邊界，雖然其確切距離仍為未知。人們經常將這個想像與亞里斯多德聯想在一起：地球位於一組同心球的中央位置，往外走先是遇到月球的那一層，接著是水星天、金星天、太陽天、火星天、木星天及土星天。在土星天之外的是「恆星天」，每一顆恆星都像是燈泡似地依附在一棵球體聖誕樹上。而在這層恆星之外，就是最後、最外圍的同心球「原動天」（primum mobile），因為上帝的手指而開始轉動。到了十六世紀時，哥白尼把太陽擺在太陽系的中心位置而幾乎改寫了一切，不過，這位波蘭科學家並未更動「有限宇宙」的想法，那些執拗的恆星依然垂吊於最外層的同心球體上。

史上第一個明確地假定宇宙的空間無限性的人，似乎是一位名為迪格斯（Thomas Digges，一五四六—一五九五）的英格蘭數學家兼天文學家。一五七六年，迪格斯出版了父親的萬年曆《永恆的預測》（*A Prognostication Everlasting*）的修訂本。由於老迪格斯逝世已久，他的兒子便大膽地在書中加入一篇未經授權的附錄，標題為〈根據畢達哥拉斯學派最古老的教條所撰寫的完美天體敘述，近日由哥白尼復興並藉由幾何展演獲得證實〉（A Perfit Description of the Caelestiall Orbes according to the most auncient doctrine of the Pythagoreans, latelye revived by Copernicus and by Geometricall Demonstrations approved）。在那份附錄中，迪格斯屏棄了恆星同心球體的概念；位於他的示意圖中央的是太陽的臉，向前散發出尖尖的光芒，接著是屬於行星的「天體」，而在這個範圍以外、一直延伸至書頁邊緣的是在無限的太空中四處散落的恆星。

迪格斯、哥白尼和亞里斯多德三人一致認同一件事：宇宙整體來說都處於休息狀態，可說是一個壯觀且永生不朽的大教堂。宇宙已經恆久地存在著了，而且會繼續永遠地存在——從無限的過去延伸至無限的未來。這個安詳的概念就這樣又安靜地躺了三百年，就連愛因斯坦於一九一七年、根據他最新的重力理論所提出的宇宙模型，都指向穩定、永恆的宇宙。

接著，大霹靂理論出現。一九二七年，一位名為勒梅特（George Lemaître）的比利時神父兼物理學家表示，先前人們觀察到星系向外運動的現象，意味著宇宙正在擴張。兩年後，美國天文學家哈伯發現，其他星系遠離我們的速度與其距離成比例，恰如我們把所有星系變成小點、畫在膨脹中的氣球上會得到的結果一樣，證實了勒梅特的說法。而從**任何**小點（星系）的視角來看，其他所有的小點看起來都像是在遠離自己；沒有任何一個小點是真正的中心。

我們可以藉由測量如今宇宙擴張的速度，估計出宇宙是何時「開始」的：大約一百四十億年前。從那一刻起，宇宙就一直不斷擴張、愈來愈稀疏，而且變得愈來愈冷。有一件重要的事我們必須知道：氣球只不過是個比喻，尤其是因為宇宙的範圍可能沒有極限，就跟氣球不一樣了。天文學家所說的「宇宙正在擴張」，指的是任兩個星系之間的距離正隨著時間不斷增加。

而大霹靂模型可不僅只是一個想法。它是一組詳細的方程式，描述了宇宙從時間等於零時便展開的演化過程；它將宇宙在每一個時間點上的平均密度與氣溫等條件寫成具體的量化細節。因此，有許多證據可以支持這個模型。首先，我們透過計算宇宙擴張的速度所得出的年齡，大致與最古老的恆星的年齡相符；後者是藉由我們對於恆星物理的理解所計算得出的。另外，根據大霹靂模型的預測，外太空應該會從四面八方朝著我們傳來一陣無線電波；那是宇宙在大約三十萬歲的時候所產生的，而它如今的溫度大概是攝氏零下兩百七十度。預測中的那陣無線電波稱為「宇宙微波背景輻射」（cosmic background radiation），人們於一九六五年發現它。此外還有其他預測已經受到證實，例如人們所觀察到的最輕的化學元素的比例。大霹靂理論並沒有提到空間及時間是否在宇宙氣球開始擴張前就已經存在；這道深入的問題將留給林德等人來回答（詳見〈大爆炸之前發生了什麼？〉）。

林德應該是在一九六〇年代晚期、仍在莫斯科當大學生攻讀物理學時聽聞大霹靂模型的。不過，他的訓練背景並不是宇宙學家，而是量子物理學家，就跟古斯一樣。量子物理學家研究的是尺寸最小的自然，但宇宙學家研究的卻是尺寸最大的。這兩個物理學子領域彼此之間看似不甚相關，但林德在一九七〇年代早期，開始對極高溫度可能會發生的現象產生興趣；極高溫度遠超出實驗室中能夠製造出來的溫度，只可能存在於初生宇宙超級熱的條件中。林德描述到自己當時的其中一個理論，算是他之後所做的暴脹研究的序幕，他說：「乍看之下，這個理論看起來太過奇異了。我們是在一九七二年發展出這個理論的，但在那兩年裡完全沒有人相信我們，大家都一笑置之……。」[11]但到了一九七四年，有一些美國物理學家證實了其中最主要的幾個結論。

林德的這些早期研究先是受到質疑，隨後通常都會被世人所接受，而這種反應似乎也成為他生涯的固定模式。在與林德的對話中，我們談到科學社群在面對科學理論時的不友善態度，尤其在遇到標新立異的理論時更是如此。林德稱之為強烈的「社會」效應，他將這種效應描述如下：科學家的偏見與成見、他們在體制中的聲望，當然還有科學精神中固有的謹慎。但林德本身並不是個小心翼翼的人。根據他同事的描述，他是個心直口快的人，總是直截了當地噴出一堆想法，可能有些是對的、有些是錯的；同時，他也是個極度自信的人；從他廣受歡迎的演講和文章看來，他儼然也是位表演家。

儘管大霹靂模型的成功世人皆有目共睹，但到了一九七〇年代早期，有些物理學家開始擔心其中的問題。舉例來說，有個令人困擾的命題是，那些宇宙微波不管從哪個方向來的，它們的溫度皆極為一致。針對這個現象，有兩種可能的解釋：若不是宇宙起源於一種極度一致的條件，每個地方的溫度皆相同，要不然就是最初的不一致性隨著時間逐漸弭平，就像浴缸裡的冷、熱水會透過熱能交換而達到相同的溫度一樣。不過，要進行熱能交換需要時間。依據大霹靂模型的內容，我們如今所看到在宇宙中相距遙遠的部分，在宇宙的前三十萬年之間，也就是宇宙微波生成的期間，應該沒有足夠的時間完成熱能交換。第二種解釋因此行不通。但另一方面，第一種解釋也顯得令人難以接受，因為它就只是一種眼不見為淨的態度，好像在說：「事情就是這樣啊，因為它原本就是這樣。」一般而言，物理學家很討厭這類論點；他們偏好將物理宇宙中的一切解釋為一些可計算的定律與原則的必然結果，而不是起始條件所衍生的「意外」——那超出他們能夠計算的範圍。

古斯—林德的暴脹理論解決了宇宙微波的謎團，以及大霹靂模型中的其他問題。在初生宇宙仍在急速擴張的期間，一個非常小的空間——小到每個部分皆呈均質狀態——快速暴脹成今天我們觀測到的整個宇宙。不管最初的狀態為何，暴脹現象都能製造出一個溫度一致的宇宙。

最重要的是，暴脹理論解釋了**為什麼**暴脹會發生的原因，也囊括了不同方程式來解釋其中牽涉到的各種能量與力。這項理論的關鍵成分是一種稱為**純量場**（*scalar field*）的能量，它同時也是初生宇宙急速擴張的成因。大多數的能量場都是肉眼看不見的，例如重力，但它們能夠施力。有些純量場能夠製造出對抗重力的斥力，會將物體彼此推開，而不是將它們拉在一起。

我所說的古斯—林德理論是花了幾年的時間才發展完成的，更確切來說是在一九七九年至一九八六年期間，始於斯塔羅賓斯基在莫斯科所做的研究。在那段期間內，這項理論出現許多不同版本，他們發現一些問題、解決問題，也不斷提出新的想法，還有其他許多物理學家參與其中。

根據林德的其中一個想法，基於量子效應，早期宇宙應該會持續製造出各種規模的純量場。量子物理有一個奇怪的地方：能量與物質可以在短時間內忽然憑空迸出。如果我們能使用一個夠強大的顯微鏡來檢視空間的話，就會發現它其實一直在持續波動，並且充滿了有如鬼魅般隨機出現、隨機消失的粒子與能量。量子現象通常只有在微小的原子世界中才會顯而易見，但在接近時間等於零時，整個可觀測到的宇宙比一個原子來得更小。假如在初生宇宙的某個時間點上，有足夠的純量場能量物質化，那麼，它們排斥重力的效應就會使空間快速擴張，而得以形成整個宇宙。由於這般量子波動會在任何隨機地點與時間發生（即林德的永恆混沌暴脹理論中所說的「混沌」），新宇宙便持續不斷地出現。

但確實，若要使用林德的理論，我們必須重新定義「宇宙」的內涵。現在，有些物理學家用這個詞來指稱空間中被孤立出來、持續延展至無限未來的區域。這個區域過去或許曾經跟宇宙的某些部分接觸過，但未來卻再也無法與宇宙的其他任何地方交流了。因此，基於實際考量，每一個像這樣的區域便自成一個宇宙。根據愛因斯坦重力理論所修訂後的那種令人費解的空間幾何學，多重宇宙的確可能存在，而且每一個宇宙的範圍皆為無限。而據預測，由量子波動所製造出來的新宇宙將有各式各樣、大相徑庭的特性：有些宇宙或許範圍無限，有些卻有限；有些可能具備正確的條件可以產生恆星、行星與生命，但有些毫無生命跡象，僅只是次原子粒子與能量的無定形荒漠；而有些甚至具備不同的維度，跟我們自己所屬的宇宙完全不一樣。在這個觀點中，新的宇宙會無止盡地形成，而每一個新宇宙都會有自己的大霹靂起點。因此，我們的「時間等於零」並不是更大規模的宇宙的時空起點，而只是專屬於我們自己的這個宇宙罷了。雖然在林德的實在裡，我們的宇宙中的一切皆會逝去，但整個宇宙的集合會持續增生新的宇宙，也就代表某種不朽了。

林德在他的一些論文中將他的永恆混沌暴脹模型描述成一叢濃密的多枝燈飾，而每一個燈泡皆為一個獨立的宇宙，各自透過細管連接至祖先燈泡及後代燈泡。有些人將完整的宇宙（universe）集合稱為「萬有」（cosmos），有時候也稱之為「多重宇宙」（multiverse）。看到林德所描繪的畫面，然後認知到每一個燈泡都代表一個完整的宇宙其實很驚人：有些燈泡包含了恆星與行星、城市、辦公大樓、樹木、螞蟻或像螞蟻的生物，以及夕陽。這確實令人費解——但有個人的心智已經將這叢濃密的想像釐清了。正如〈沙之書〉中兜售《聖經》的人所說的：「這是不可能的，但它就是這樣。」

我們會忍不住將林德的「宇宙地圖」與巴比倫人的世界地圖互相比較，那是目前已知人類所繪的數一數二古老的地圖，記載於人們在現今伊拉克所發現的一塊石板上，現為大英博物館館藏。[12] 在這張古代的已知世界的地圖（約公元前六〇〇年）中，巴比倫城座落於幼發拉底河畔，而河水恰於該處分為南北兩個流向。地圖中也描繪並（以梵文）標示出一些其他城市，包括烏拉爾圖（Uratu）、蘇薩（Susa）、亞述（Assyria）與哈班（Habban），另外還有一座山，以及一片包覆住無人居住的城市的環形海洋（標示為「痛苦之河」〔bitter river〕）。最後，有一些無名或未知的外圍地區則以尖刺圖樣表示，由環形海洋向外發散。那麼，我們能將這些無名的尖刺與林德地圖中的無名燈泡互相比較嗎？兩者都遠落在物理學探索所及的範疇以外，兩者皆要求大量的想像力。不同的是，林德的燈泡依循著一些特定數學方程式的邏輯結果，但林德自己也承認，那些方程式也是人類想像力的結晶，只不過是實在的模型，並非實在本身。林德的想法是一種想像，但也立基於邏輯思考。雖然林德正如所有理論物理學家一般精通數學，但根據他自己向我所形容的，相較於技術取向，他自己傾向聽從直覺，他比較像賈伯斯（Steve Jobs），而不是沃茲尼克（Steve Wozniak）。

巴比倫世界地圖是一幅靜態的畫面。相較之下，林德的宇宙地圖暗示著演化與改變，各個宇宙隨著時間不斷增生出另一個新的宇宙，是謂動態。有鑒於此，我們或許可以在印度的宇宙論中找到更適合的比較：我們的宇宙只是無數個輪迴宇宙中的其中一個，整體而言並沒有起始或終點。關於這個概念，《薄伽梵往世書》（*Bhagavata Purana*）如此描述：

> 每一個宇宙皆覆有七層——地、水、火、風、空、總能量與假我——每一層皆比前者廣大十倍。除了這個宇宙之外，尚有無數個宇宙，而即使它們無限大，但它們移動的方式正如「你」體內的原子一般。因此，「你」是謂無限。[13]

我在看林德的宇宙地圖時，並沒有感覺到無限。相反地，我感到渺小而不重要，就像在〈沙之書〉裡兜售《聖經》的人所說的一樣，如果宇宙是無限的，那我們的存在於空間上、時間上哪裡也不是。如果我們不存在於空間上或時間上的任何地方，如果我們短暫的一生只在一個小小的行星上度過，而且這個行星只是無限大的宇宙中的無數個行星裡的其中一個，而我們的整個宇宙又僅只是林德那濃密的宇宙叢的其中一個燈泡，那麼，我們所做的任何事怎麼會有任何影響？另一方面，身為這難以理解的存有鏈、這般無窮存在當中的一部分，不管再怎麼小，卻可能也帶著某種偉大。我們逝去，我們的太陽燃燒殆盡，我們的宇宙在距今一千億年之後可能會變成一片漆黑、毫無生機的虛無，那根據林德的說法，其他宇宙會不斷地誕生，其中有一些宇宙勢必會有生命存在，使某些無法命名的珍貴之物再度重新開始。

林德的無限宇宙究竟是否存在，我們不太有可能得到真正的答案，但人們現在正在積極地驗證古斯—林德暴脹理論的其餘部分。林德向我解釋，其中一項數一數二重要的測試是要尋找一個叫做「B模偏振」（B-mode polarization）的東西，是暴脹理論中所預測的宇宙微波的一種偏振圖樣。幾年前，天文學家認為他們發現這個現象了；經過這般實驗證實後，林德和古斯大概可以因此獲得諾貝爾獎。那是二〇一四年三月六日星期四的早上，一位名叫郭兆林的史丹佛大學天體物理學教授敲了林德家的大門，當時伴著郭博士前來的還有一支拍攝團隊。（那支影片由史丹佛大學製作，並於十一天後發表於YouTube平台，目前點擊數已經超過三百萬次。）[14]

當林德與妻子打開門、得知這項新聞時，看起來十分震驚。卡洛許給了郭兆林一個大大的擁抱，接著，攝影機隨著林德與郭兆林一同進入廚房，錄下兩人共享一瓶香檳的畫面。我們聽到軟木塞迸開的聲音，我們也看見了牆上的時鐘、托斯卡尼的地圖與架子上的彩繪陶罐。林德說：「我們在講的是大霹靂之後的十的三十三次方分之一秒啊。」他臉上掛著一個大大的微笑，接著說：「這一刻終於到來了。」在郭博士來訪的十一天後，全世界都紛紛刊出頭條。一篇刊於《紐約時報》的文章標題為〈太空漣漪揭發大霹靂的鐵證〉（Space Ripples Reveal Big Bang Smoking Gun），約翰霍普金斯大學的宇宙學家卡米翁科夫斯基（Marc Kamionkowski）表示：「這是一件大事，名符其實地大。」麻省理工的宇宙學家鐵馬克（Max Tegmark）說：「我想，如果這是真的，那它將會是科學史上數一數二偉大的發現。」[15]但它並不是真的，或者更確切來說，該實驗的結果是正確的，但詮釋錯誤了。一項後續分析顯示，那個偏振效應可能是由外太空的普通塵埃所造成的，而不是古斯－林德暴脹理論所預測的極度怪異過程。但在這件事搞清楚之後，暴脹理論並未因此削弱，只不過多出更多東西必須繼續探究。

人們目前正在針對B模偏振進行更加精細的測量，能夠將銀河中的一般塵埃及初生宇宙的暴脹現象加以區分，包括在智利北部阿他加馬沙漠（Atacama Desert）的「北極熊」實驗（Polar Bear），以及在南極的「宇宙泛星系偏振背景成像」（BICEP）實驗。這些實驗皆為國際合作計畫，包括來自美國、英格蘭、威爾斯、法國及加拿大等地共計超過十幾個機構。全世界有上千位科學家，不論是理論學家或實驗主義者，都正在如火如荼地測試暴脹理論，探究它所帶來的後果。而現今幾乎所有宇宙學家，都認定暴脹理論是我們目前針對宇宙起源的最佳暫定假設。該理論勢必堪謂人類心智的勝利。

不過，林德不是個能夠徹底安於現狀的人——似乎還有什麼是他抓不住的。當他談及暴脹理論的歷史時，他似乎仍在對抗反對者與同為理論學家的競爭者、辯護著自己的想法，他仍在跟古斯等人競爭，試圖搶先找出新發現，同時也依然熱烈地渴望能夠證明自己是對的。在我跟他的對話，以及他的評論性文章與自傳中，他將自己描繪成一個以英雄之姿構築出宇宙新視野的人，與懷疑者拚搏、糾正他人的錯誤與誤解，而他本人也經常受到他人誤會。他很愛說的一個故事，是霍金於一九八一年十月在莫斯科斯騰勃格天文研究院（Sternberg Astronomical Institute）的一堂講座；林德受邀替俄羅斯聽講者翻譯。當時，包括霍金在內的許多物理學家正試圖修補古斯的原版暴脹理論中的一個嚴重問題（異質性過高），而林德其實已經針對古斯的理論進行修訂並構思出自己的暴脹理論了，只不過還沒發表而已。在講座過程中，霍金含糊地吐出一些字，再由熟悉他的說話方式、他所指導的研究生翻譯成可理解的英文，接著再換林德把它翻譯成俄文。而就在這般緩慢到不行的情境下，霍金指出林德有一個好點子，但那個想法有誤。在接下來的半小時內，霍金就這樣坐在輪椅上繼續解釋為什麼那個想法是錯的，而林德仍舊必須進行翻譯。當講座結束時，林德告訴觀眾：「我剛剛翻譯了霍金的話，但我不同意他的說法。」接著，他替霍金推輪椅，將對方帶到同一棟建築內的另一個房間，他將門關上之後，便開始詳細地向霍金解釋自己的新理論。到最後，霍金顯然必須承認林德是對的。根據林德的描述，霍金當時「在那裡坐了大概一個半小時，一直跟我說同一句話：『但你之前沒有說過這個。但你之前沒有說過這個。』」。[16]

對於林德那變幻無常的宇宙學概念，或許他的自我與虛張聲勢是必要的吧。其他智力相當但性格較為謹慎的科學家在構思世界的樣貌時，幾乎仍未冒險闖入如此深遠的理論境界。方程式就是方程式，但它們必須透過人類心智加以想像、詮釋，而且甚至是某個特定人士的心智，那樣的腦袋本身儼然自成一個複雜的宇宙，充滿了無窮無盡、各式各樣的巧合與可能。

「我剛開始就像一個小孩，持續發現新事物，」林德告訴我：「現在我感受到更沉重的責任，有上百個人在研究暴脹理論、有很多（很貴的）實驗在測試它。你會覺得自己肩上壓著沉重的責任……如果我死的時候就只是一個物理學家，我大概不會很開心。我喜歡攝影，那讓我能夠感受到大腦的另一個部分。物理學之外還有些東西是無法測量的……攝影就是我的藝術。你必須有一個第一優先順位，然後是第二優先順位。我六十歲的時候，有人送我一台相機。有了相機之後，你就可以製造美。我可以製造出比我在美術館裡所看到的東西更好的作品。你看看，我現在說話聽起來就像個自大的美國人。我現在所產出的影像能讓我自己的心雀躍——不管是我的攝影，或是描繪暴脹的電腦圖形都是。我是最早能夠看見這其中的美的第一批人。如果我的心智沒有除了物理學以外的部分，那我就沒有辦法創造出宇宙學的電腦圖形了。」

林德走到他的電腦邊，殷切地向我展示他的Flickr網頁，他在那裡發布了上百張攝影作品。他在螢幕附近替我找了一個位置，說：「坐下。」他有一張標題為《城堡夢境》（*Alcazar Dreams*）的攝影作品，描繪了一座位於西班牙塞維爾

（Seville）的克魯斯庭院（Patio del Crucero）底下的水池。他解釋，那座水池是城堡主為了一位女性友人所建造的。一系列的石質拱門散發著詭譎的橘光、躬身於綿長的水池之上，一個接著一個、接著一個——一路延伸至遙遠的消失位置。另一張標題為《遮掩汝的臉》（*Hide Thy Face*）的照片是一張極近照，捕捉了一朵蘭花的內部，其外緣圍繞著一圈薄如蟬翼的藍色圓環，而花朵的中央是一個兩室黃心，心型的表面覆滿了紅色斑點，更延伸出白紅條紋相間的臂，最後是淡綠色與黃色的花瓣。這一切恰如一只細緻的珠寶、蘊藏於無限當中的一小抹美艷。

注釋

1 無限旅館的概念稱為「希爾伯特旅館」（Hilbert's Hotel），最初提出者為德國數學家希爾伯特（David Hilbert），以傳達一些關於無限的非直覺型特性。

2 關於古希臘對無限的概念，見 Elizabeth Brient, *The Immanence of the Infinite: Hans Blumenberg and the Threshold to Modernity* (Washington, DC: Catholic University of America Press, 2002).

3 關於中國對無限的概念，見 Jiang Yi, "The Concept of Infinity and Chinese Thought," *Journal of Chinese Philosophy* 35, no. 4 (December 2008): 561–70.

4 關於亞里斯多德對「潛在無限」與「實際無限」的討論，見 Aristotle, *Physics*, book 3, chapter 6。

5 *Summa Theologiae*, I.7.1, translated by Fathers of the English Dominican Province (Benziger Brothers, 1947).

6 Denise Chow, "No End in Sight: Debating the Existence of Infinity," *Live Science*, June 3, 2013, https://www.livescience.com/37077-infinity-existence-debate.html.

7 林德首批關於暴脹的論文為 A. D. Linde, "A New Inflationary Universe Scenario: A Possible Solution of the Horizon, Flatness, Homogeneity, Isotropy and Primordial Monopole Problems," *Physics. Letters B* 108, 389 (1982)；"Chaotic Inflation," *Physics Letters B* 129, 177 (1983)；"Eternally Existing Self-reproducing Chaotic Inflationary Universe," *Physics Letters B* 175, 395 (1986)。

8 古斯關於暴脹理論的原初論文為 A. Guth, "Inflationary Universes: A Possible Solution to the Horizon and Flatness Problems," *Physical Review D* 23:347 (1981)。

9 我對林德的訪談，一九八七年十月二十二日，麻州劍橋，載於 Alan Lightman and Roberta Brawer, *Origins: The Lives and Worlds of Modern Cosmologists* (Cambridge, MA: Harvard University Press, 1990), pp. 486–87。

10 我最近對林德的訪談是在二〇一九年七月十日於他在加州史丹佛的家中進行的。所有二〇一九年的林德引言皆出於此次訪談。

11 Autobiography of Andrei Linde for the Kavli Foundation, 2014, http://kavliprize.org/sites/default/files/Andrei%20Linde%20autobiography.pdf.

12 見 https://www.ancient.eu/image/526/babylonian-map-of-the-world/。另見 https://en.wikipedia.org/wiki/Babylonian_Map_of_the_World。

13 *Bhagavata Purana* 6.16.37。見 https://prabhupadabooks.com/sb/6/16/37。

14 https://www.youtube.com/watch?v=ZlfIVEy_YOA.

15 Dennis Overbye, "Space Ripples Reveal Big Bang Smoking Gun," *New York Times*, March 17, 2014.

16 我對林德的訪談，一九八七年十月二十二日。在出版於 Lightman and Brawer, *Origins* 的刪節版訪談裡，並未收錄這則故事，但完整的訪談可見此處：https://www.aip.org/history-programs/niels-bohr-library/oral-histories/34321。

國家圖書館出版品預行編目資料

在虛無與無限之間：科學詩人萊特曼對宇宙與生命的沉思 / 艾倫.萊特曼(Alan Lightman) 著 ; 江鈺婷 譯. -- 初版. -- 臺北市 : 商周出版, 城邦文化事業股份有限公司出版 : 英屬蓋曼群島商家庭傳媒股份有限公司城邦分公司發行, 民112.09
面； 公分
譯自 : Probable impossibilities
ISBN 978-626-318-821-1 (平裝)
1. CST: 科學 2. CST: 宇宙論 3. CST: 形上學 4. CST: 哲學
300 112013095

在虛無與無限之間：
科學詩人萊特曼對宇宙與生命的沉思

原著書名／Probable Impossibilities
作　　者／艾倫．萊特曼（Alan Lightman）
譯　　者／江鈺婷
責任編輯／李尚遠

版　　權／林易萱
行銷業務／周丹蘋、賴正祐
總 編 輯／楊如玉
總 經 理／彭之琬
事業群總經理／黃淑貞
發 行 人／何飛鵬
法律顧問／元禾法律事務所　王子文律師
出　　版／商周出版
城邦文化事業股份有限公司
臺北市中山區民生東路二段141號9樓
電話：(02) 2500-7008 傳眞：(02) 2500-7759
E-mail：bwp.service@cite.com.tw
Blog：http://bwp25007008.pixnet.net/blog
發　　行／英屬蓋曼群島商家庭傳媒股份有限公司城邦分公司
臺北市中山區民生東路二段141號11樓
書虫客服服務專線：(02) 2500-7718．(02) 2500-7719
24小時傳眞服務：(02) 2500-1990．(02) 2500-1991
服務時間：週一至週五09:30-12:00．13:30-17:00
郵撥帳號：19863813　戶名：書虫股份有限公司
讀者服務信箱E-mail：service@readingclub.com.tw
歡迎光臨城邦讀書花園　網址：www.cite.com.tw
香港發行所／城邦（香港）出版集團有限公司
香港灣仔駱克道193號東超商業中心1樓
電話：(852) 2508-6231　傳眞：(852) 2578-9337
E-mail：hkcite@biznetvigator.com
馬新發行所／城邦(馬新)出版集團 Cité (M) Sdn. Bhd.
41, Jalan Radin Anum, Bandar Baru Sri Petaling,
57000 Kuala Lumpur, Malaysia
電話：(603) 9056-3833　傳眞：(603) 9057-6622
Email：services@cite.my

封面設計／周家瑤
排　　版／新鑫電腦排版工作室
印　　刷／韋懋實業有限公司
經 銷 商／聯合發行股份有限公司
電話：(02) 2917-8022　傳眞：(02) 2911-0053
地址：新北市231新店區寶橋路235巷6弄6號2樓

■2023年（民112）9月初版
定價 400 元

Printed in Taiwan
城邦讀書花園
www.cite.com.tw

ISBN 978-626-318-821-1

廣　告　回　函
北區郵政管理登記證
台北廣字第000791號
郵資已付，免貼郵票

104台北市民生東路二段141號11樓

英屬蓋曼群島商家庭傳媒股份有限公司　城邦分公司

請沿虛線對摺，謝謝！

書號：BU0190　**書名：**在虛無與無限之間　**編碼：**

請於此處用膠水黏貼

商周出版

讀者回函卡

線上版讀者回函卡

感謝您購買我們出版的書籍！請費心填寫此回函卡，我們將不定期寄上城邦集團最新的出版訊息。

姓名：＿＿＿＿＿＿＿＿＿＿＿＿ 性別：□男 □女

生日：西元＿＿＿＿＿＿年＿＿＿＿＿＿月＿＿＿＿＿＿日

地址：＿＿＿＿＿＿＿＿＿＿＿＿＿＿＿＿＿＿

聯絡電話：＿＿＿＿＿＿＿＿＿＿ 傳真：＿＿＿＿＿＿＿＿

E-mail ：

學歷：□ 1. 小學 □ 2. 國中 □ 3. 高中 □ 4. 大學 □ 5. 研究所以上

職業：□ 1. 學生 □ 2. 軍公教 □ 3. 服務 □ 4. 金融 □ 5. 製造 □ 6. 資訊

□ 7. 傳播 □ 8. 自由業 □ 9. 農漁牧 □ 10. 家管 □ 11. 退休

□ 12. 其他＿＿＿＿＿＿＿＿＿＿＿＿＿＿＿＿

您從何種方式得知本書消息？

□ 1. 書店 □ 2. 網路 □ 3. 報紙 □ 4. 雜誌 □ 5. 廣播 □ 6. 電視

□ 7. 親友推薦 □ 8. 其他＿＿＿＿＿＿＿＿＿＿＿＿

您通常以何種方式購書？

□ 1. 書店 □ 2. 網路 □ 3. 傳真訂購 □ 4. 郵局劃撥 □ 5. 其他＿＿＿＿

您喜歡閱讀那些類別的書籍？

□ 1. 財經商業 □ 2. 自然科學 □ 3. 歷史 □ 4. 法律 □ 5. 文學

□ 6. 休閒旅遊 □ 7. 小說 □ 8. 人物傳記 □ 9. 生活、勵志 □ 10. 其他

對我們的建議：＿＿＿＿＿＿＿＿＿＿＿＿＿＿＿＿＿＿

＿＿＿＿＿＿＿＿＿＿＿＿＿＿＿＿＿＿

＿＿＿＿＿＿＿＿＿＿＿＿＿＿＿＿＿＿

【為提供訂購、行銷、客戶管理或其他合於營業登記項目或章程所定業務之目的，城邦出版人集團（即英屬蓋曼群島商家庭傳媒（股）公司城邦分公司、城邦文化事業（股）公司），於本集團之營運期間及地區內，將以電郵、傳真、電話、簡訊、郵寄或其他公告方式利用您提供之資料（資料類別：C001、C002、C003、C011 等）。利用對象除本集團外，亦可能包括相關服務的協力機構。如您有依個資法第三條或其他需服務之處，得致電本公司客服中心電話 02-25007718 請求協助。相關資料如為非必要項目，不提供亦不影響您的權益。】

1.C001 辨識個人者：如消費者之姓名、地址、電話、電子郵件等資訊。

2.C002 辨識財務者：如信用卡或轉帳帳戶資訊。

3.C003 政府資料中之辨識者：如身分證字號或護照號碼（外國人）。

4.C011 個人描述：如性別、國籍、出生年月日。

請於此處用膠水黏貼